# 农田重金属
## 污染危害与修复治理技术

NONGTIAN ZHONGJINSHU WURAN WEIHAI
YU XIUFU ZHILI JISHU

安志装　索琳娜　赵同科　刘亚平　主编

U0256177

中国农业出版社

# 编 写 人 员

主　编：安志装　索琳娜　赵同科
　　　　刘亚平
参　编：赵丽平　马茂亭　王　旭
　　　　李清波　陈久海　肖长坤
　　　　郑云霞　芦宇晨

土壤是社会经济可持续发展的重要物质基础，其质量好坏关系着人民群众身心健康，关系着美丽中国建设。土壤环境保护工作是推进生态文明建设和维护国家生态安全的重要内容。2014年4月17日，环境保护部与国土资源部联合发布《全国土壤污染普查公报》显示，全国土壤环境状况总体不容乐观，部分地区土壤污染较重，耕地土壤环境质量堪忧，工矿业废弃地土壤环境问题突出。全国土壤总的超标率为16.1%，其中轻微、轻度、中度和重度污染点位比例分别为11.2%、2.3%、1.5%和1.1%。污染类型以无机型为主，有机型次之，复合型污染比重较小，无机污染物超标点位数占全部超标点位的82.8%。镉、汞、砷、铜、铅、铬、锌、镍8种无机污染物点位超标率分别为7.0%、1.6%、2.7%、2.1%、1.5%、1.1%、0.9%、4.8%。工矿业、农业等人为活动及土壤环境背景值高是造成土壤污染或超标的主要原因。

　　与水和空气污染人们能够亲身感受到不同,土壤污染具有隐蔽性和滞后性特点。土壤污染加剧了我国原本耕地资源短缺紧张的趋势;万物土中生,土壤污染直接影响农业可持续发展,导致其生产力和农产品产量与品质下降;土壤污染如隐形杀手通过食物、饮水、大气灰尘等途径进入人体,直接或间接威胁人体健康,由土壤污染引发的农产品质量安全问题和群体性事件逐年增多,成为影响群众身体健康和社会稳定的重要因素;土壤污染也是造成水、大气和新的土壤污染的重要原因。因此,土壤污染是比空气和水污染更严峻、更长期的问题,治理土壤重金属污染刻不容缓。

　　国家对土壤污染问题高度重视,2012 年 10 月,国务院常务会议研究部署土壤环境保护和综合治理工作,将保护土壤环境、防治和减少土壤污染、保障农产品质量安全、建设良好人居环境作为当前和今后一个时期的主要目标。2013 年 1 月 23 日,国务院办公厅发布的《国务院办公厅关于印发近期土壤环境保护和综合治理工作安排的通知》中提出了包括"开展土壤污染治理与修复"在内的六项主要任务。2016 年 5 月,国务院印发《土壤污染防治行动计划》,总体工作目标是:到 2020 年,全国土壤污染加重趋势得到初步遏制。

　　我国对于重金属污染修复技术的积累比较少，大部分研究以前期的理论探索为主，可以开展工程化或产业化应用的非常少。目前，我国真正成型的污染土壤修复技术非常少，现状是存在大量的污染农田，却没有适宜、成型的修复技术。而对于已经成型的个别修复技术，实施成本又成为技术推广的一大难题。而对于污染农田的修复，更是难上加难，退耕还林、不耕作等措施不能从根本上治理农田土壤重金属污染问题。

　　本书从对土壤重金属污染的概念、来源和危害开始，进一步引申到6种对人类毒害较大的重金属的具体危害，主要的土壤污染修复与治理技术，并列举出典型重金属污染类型区农产品安全生产技术。

# 目录
MULU

前言

# 一、
# 土壤重金属污染简述

## （一）什么是重金属？

化学上通常把密度大于 $5\ g/cm^3$ 的金属称为重金属，根据实际应用，具体定义为元素周期表中原子序数介于 23（钒 V）至 83（铋 Bi）之间的金属，碱金属（铷 Rb、铯 Cs、钫 Fr）除外，同时还包括钡（Ba）以及砷（As）、硒（Se）和碲（Te）等类金属。从环境污染对生态毒害和人类危害程度来说，科学研究和防控治理涉及最多的主要有 5 种：铅（Pb）、汞（Hg）、铬（Cr）、砷（As）、镉（Cd）。

## （二）农田土壤中的重金属从哪里来？

重金属的主要来源是工业"三废"的排放，此外，污水灌溉、污泥还田、大气沉降、农药和肥料等的不合理施用也是造成农田土壤重金属污染的重要原因[1]。在农田生态系统重金属的输入途径中，以大气沉降形式进入农田的重金属量因所在区域的差异而存在较大差别，在人类活动干扰频繁，尤其是采矿、冶炼业发达的地区，大气沉降可能成为农田生态系统重金属的主要来源之一，其对重金属输入的贡献率较高[2]。在农业生产相对集中而工业尤其是采矿和冶炼较少的地区，农业生产资料

化学元素周期表

| 周期 | I A 1 | II A 2 | III B 3 | IV B 4 | V B 5 | VI B 6 | VII B 7 | | VIII | | I B 11 | II B 12 | III A 13 | IV A 14 | V A 15 | VI A 16 | VII A 17 | 0 18 |
|---|---|---|---|---|---|---|---|---|---|---|---|---|---|---|---|---|---|---|
| 1 | 1 H 氢 1.008 | | | | | | | | | | | | | | | | | 2 He 氦 4.003 |
| 2 | 3 Li 锂 6.941 | 4 Be 铍 9.012 | | | | | | | | | | | 5 B 硼 10.81 | 6 C 碳 12.01 | 7 N 氮 14.01 | 8 O 氧 16.00 | 9 F 氟 19.00 | 10 Ne 氖 20.18 |
| 3 | 11 Na 钠 22.99 | 12 Mg 镁 24.31 | | | | | | | | | | | 13 Al 铝 26.98 | 14 Si 硅 28.09 | 15 P 磷 30.96 | 16 S 硫 32.06 | 17 Cl 氯 35.45 | 18 Ar 氩 39.95 |
| 4 | 19 K 钾 39.10 | 20 Ca 钙 40.08 | 21 Sc 钪 44.96 | 22 Ti 钛 47.87 | 23 V 钒 50.94 | 24 Cr 铬 52.00 | 25 Mn 锰 54.94 | 26 Fe 铁 55.85 | 27 Co 钴 58.93 | 28 Ni 镍 58.69 | 29 Cu 铜 63.55 | 30 Zn 锌 65.39 | 31 Ga 镓 69.72 | 32 Ge 锗 72.64 | 33 As 砷 74.92 | 34 Se 硒 78.96 | 35 Br 溴 79.90 | 36 Kr 氪 83.80 |
| 5 | 37 Rb 铷 85.47 | 38 Sr 锶 87.62 | 39 Y 钇 88.91 | 40 Zr 锆 91.22 | 41 Nb 铌 92.91 | 42 Mo 钼 95.94 | 43 Tc 锝* (98) | 44 Ru 钌 101.1 | 45 Rh 铑 102.9 | 46 Pd 钯 106.4 | 47 Ag 银 107.9 | 48 Cd 镉 112.4 | 49 In 铟 114.8 | 50 Sn 锡 118.7 | 51 Sb 锑 121.8 | 52 Te 碲 127.6 | 53 I 碘 126.9 | 54 Xe 氙 131.3 |
| 6 | 55 Cs 铯 132.9 | 56 Ba 钡 137.3 | 57~71 La~Lu 镧系 | 72 Hf 铪 178.5 | 73 Ta 钽 180.9 | 74 W 钨 183.8 | 75 Re 铼 186.2 | 76 Os 锇 190.2 | 77 Ir 铱 192.2 | 78 Pt 铂 195.1 | 79 Au 金 197.0 | 80 Hg 汞 200.6 | 81 Tl 铊 204.4 | 82 Pb 铅 207.2 | 83 Bi 铋 209.0 | 84 Po 钋* (209) | 85 At 砹* (210) | 86 Rn 氡* (222) |
| 7 | 87 Fr 钫* (223) | 88 Ra 镭* (226) | 89~103 Ac~Lr 锕系 | 104 Rf 铝* (6d²7s²) (261) | 105 Db 钍* (6d³7s²) (262) | 106 Sg 𨭎* (263) | 107 Bh 𨨏* (264) | 108 Hs 𨭆* (265) | 109 Mt 鿏* (268) | 110 Uun 110 Uum* (269) | 111 Uuu 111 Uuu* (272) | 112 Uub 112 Uub* (277) | | | | | | |

镧系

| 57 La 镧 138.9 | 58 Ce 铈 4f¹5d¹6s² 140.1 | 59 Pr 镨 4f³6s² 140.9 | 60 Nd 钕 144.2 | 61 Pm 钷* (145) | 62 Sm 钐 150.4 | 63 Eu 铕 152.0 | 64 Gd 钆 4f⁷5d¹6s² 157.3 | 65 Tb 铽 158.9 | 66 Dy 镝 162.5 | 67 Ho 钬 164.9 | 68 Er 铒 167.3 | 69 Tm 铥 168.9 | 70 Yb 镱 173.0 | 71 Lu 镥 4f¹⁴5d¹6s² 175.0 |
|---|---|---|---|---|---|---|---|---|---|---|---|---|---|---|

锕系

| 89 Ac 锕 6d¹7s² (227) | 90 Th 钍 6d²7s² 232.0 | 91 Pa 镤 5f²6d¹7s² 231.0 | 92 U 铀 5f³6d¹7s² 238.0 | 93 Np 镎 5f⁴6d¹7s² (237) | 94 Pu 钚 5f⁶7s² (244) | 95 Am 镅 5f⁷7s² (243) | 96 Cm 锔 5f⁷6d¹7s² (247) | 97 Bk 锫 5f⁹7s² (247) | 98 Cf 锎 5f¹⁰7s² (251) | 99 Es 锿 5f¹¹7s² (252) | 100 Fm 镄 5f¹²7s² (257) | 101 Md 钔 5f¹³7s² (258) | 102 No 锘 5f¹⁴7s² (259) | 103 Lr 铹 5f¹⁴6d¹7s² (262) |
|---|---|---|---|---|---|---|---|---|---|---|---|---|---|---|

原子序数
元素名称 注*的是人造元素
元素符号，黑体指放射性元素
外围电子层排布，括号指可能的电子层排布
相对原子质量（加括号的数据为该放射性元素半衰期最长同位素的质量数）

金属　非金属　过渡元素

注：相对原子质量录自1999年国际原子量表，并全部取4位有效数字。

特别是含重金属较高的肥料、农药等的施用，可能是农田中重金属输入的主要途径[3]。此外，工矿企业污水污泥、城镇生活废弃物中由于重金属含量较高，也可能成为某些地区农田生态系统中重金属的重要来源之一[4]。

农业生产中长期施用有机肥、磷肥而造成农田土壤中铜（Cu）、锌（Zn）、镉（Cd）、铅（Pb）的累积现象也较为常见，甚至达到污染水平。这主要是由于肥料中含有一定量的重金属，磷肥和复合肥中的重金属主要来源于磷矿石及肥料加工过程，而有机肥中的重金属则主要来源于饲料添加剂。对各种化肥中重金属含量的分析表明，氮、钾肥中重金属的含量较低，磷肥中镉等重金属的含量较高，复合肥中重金属的含量则主要取决于生产原料及加工过程。不同类型肥料中重金属含量从高到低排列顺序为：磷肥＞复合肥＞钾肥＞氮肥[4]。另外，杀虫剂、杀菌剂、除草剂、抗生素等农药中因含有砷、铅等也可能成为农田重金属的重要来源。农用薄膜等其他农用物资中往往也含有一定量的镉和铅，在大量使用塑料薄膜的设施中，如果不及时清除残留在土壤中的农膜，其中的重金属也可能进入土壤并导致累积[4]。

## （三）我国农田土壤重金属污染的现状如何？

土壤重金属污染是指由于人类活动将外源重金属加入到土壤中，导致土壤中的重金属含量明显高于土壤背景值，从而造成土壤生态环境质量恶化的现象[5,6]。我国受镉、砷、铅等重金属污染的耕地面积近 $2.0 \times 10^7 \, hm^2$，约占总耕地面积的 1/5；其中工业"三废"污染耕地 $1.0 \times 10^7 \, hm^2$，污水灌溉的农田面积 $3.3 \times 10^6 \, hm^2$。我国每年因重金属污染而减产粮食超过 $1.0 \times 10^7 \, t$，另外每年被重金属污染的粮食也多达 $1.2 \times 10^7 \, t$，由此造成的经济损失至少 200 亿元。例如：某省的 47 个县和郊区的 $2.59 \times 10^6 \, hm^2$ 的耕地污染状况的调查结果显示，75％的地区已受到不同程度的重金属污染的潜在威胁，而且污染有逐年加重的趋势。

当前，我国耕地重金属污染问题突出，总体形势不容乐观。呈现出以下两个特点：①污染面积大，超标严重。我国耕地土壤污染超标点位中 82.8％ 为重金属超标点位，主要污染物为镉、汞、砷、铜、铅、铬、锌、镍 8 种。②重金属污染耕地分布区域较为广泛，尤其是西南、中南地区土壤重金属超标范围较大，长江三角洲、珠江三角洲等地区土壤污染问题也较为突出。

2016 年 5 月，国务院印发的《土壤污染防治行动计划》中提出，在现有相关调查基础上，我国将在 2018 年底前查明农用地土壤污染的面积、分布及其对农产品质量的影响。同时将建立土壤环境质量状况定期调查制度，每 10 年开展 1 次。

## （四）我国在土壤污染防治方面开展了哪些工作？

与发达国家和地区相比，我国土壤污染防治工作起步较晚。从总体上看，目前的工作基础还很薄弱，土壤污染防治体系尚未形成。20 世纪 80～90 年代，我国科学家开始关注矿区土壤、污灌区土壤和六六六、滴滴涕农药大量使用造成的耕地污染等问题。"六五"和"七五"期间，国家科技攻关项目支持开展农业土壤背景值、全国土壤环境背景值和土壤环境容量等研究，积累了我国土壤环境背景的宝贵数据，在此基础上制订并于1995年发布了我国第一个《土壤环境质量标准》（GB 15618—1995）。

近年来，我国土壤环境问题日益凸显，引起社会广泛关注。按照党中央、国务院决策部署，有关部门和地方积极探索，土壤污染防治工作取得一定成效。一是组织开展全国土壤污染状况调查，掌握了我国土壤污染特征和总体情况；二是出台一系列土壤污染防治政策文件，建立健全土壤环境保护政策法规体系；三是开展土壤环境质量标准修订工作，完善土壤环境保护标准体系；四是制定实施重金属污染综合防治规划，启动土壤污染治理与修复试点项目；五是编制土壤污染防治行动计划，全面推动土壤污染防治工作。

"十二五"期间，国家相继启动了973计划、863计划、科技支撑以及行业专项等重大课题30余项，投入大量资金，分别在农田土壤重金属污染监测检测技术、污染诊断和表征体系、生态安全阈值、阻控与修复技术方面开展了大量的研究工作。近年来，农业部和财政部启动了"农产品产地土壤重金属污染防治实施方案"，分别开展农田土壤重金属污染状况普查、国控点设置、污染修复治理及农产品产地禁产区划分等工作。农田土壤重金属污染调查点位达130多万个，并在2015年南方7省稻区开展加密调查，农田重金属污染修复治理面积达 2 000hm$^2$。

## （五）为什么土壤重金属污染治理那么难？

重金属污染物一旦进入土壤，就会与土壤成分发生吸附—解吸、沉淀—溶解、氧化—还原、螯合—解离等一系列物理—化学反应，进而形成不同的存在形态，有的甚至可能在土壤中转化为毒性更大的有机化合物（如 Hg），影响农作物的产量和质量[7-9]。部分残留于土壤中的重金属将随着水循环由土壤迁移至地表水进而污染水环境，或通过不同途径进入食物链，在食物链不同营养级中累积、放大，严重危害人体健康[10,11]。

与大气、和水体污染直观可见不同，土壤污染具有隐蔽性、滞后性的特点，不易被察觉或注意，再加上重金属污染范围广、持续时间长、无法被生物降解，由于生物体富集性、弱移动性等特点，大部分富集在耕层土壤中。土壤一旦因重金属积累而遭受污染，就很难消除。因此，重金属污染土壤的修复治理已成为世界性的难题。

## （六）农田土壤中的重金属有哪些危害？

重金属在农田中的危害主要表现在对作物的危害，对土壤、水体质量的危害，对农产品安全的危害，以及通过农产品和水体对人类的危害。

农田土壤中过量的重金属对农作物具有很强的毒害作用：重金属可以破坏植物的组织，直接影响作物的生长发育，进而影响作物的产量和品质，如铜、锌等虽然是作物必需的微量营养元素，但作为重金属在灌溉水或土壤中达到一定浓度后，就会抑制作物生长，但一般不会对人体健康造成危害。最可怕的是像镉、铅、汞等这样微量剧毒的重金属，在一般含量水平下，通常不会对农作物产生毒害，但却很容易被作物吸收到体内，在作物可食用部位累积残留，也就是说在作物生长尚未明显受到毒害的时候，作物可食用部位残留的重金属量有可能已经超过了人类可食用的安全限量值了，长期食用会对人体健康造成极大的危害。

## （七） 重金属超标农田的安全利用

重金属超标农田的农业利用是在我国耕地资源十分紧张前提下的一种不得已的选择。在当前我国耕地资源十分紧张、粮食和食物安全形势十分严峻的前提下，寻求边利用、边修复的有效途径，从理论和实际上看，在某种程度上是可行的，但在应用时必须十分慎重。目前，以重金属低风险或轻度污染农田为对象，重点研究内容包括重金属污染土壤的物理、化学、生物—化学修复技术、农艺调控措施等边利用、边修复（调控）技术，重金属高风险农田修复主要采取原位钝化技术，超富集植物修复技术，超富集、转化重金属微生物的挖掘和利用，超富集植物的后处理技术，以及相关技术设备的研制等[4]。

# 二、

## 几种主要土壤重金属污染物
## 对人类的危害

### （一）为什么重金属污染会对人类造成严重的危害？

一是重金属通常具有微量剧毒、长期积累的特点。长期摄入重金属污染的水、食物和空气，会造成有毒元素在人体

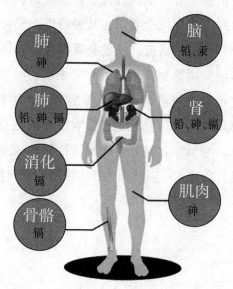

脑
铅、汞

肺
砷

肾
铅、砷、镉

肺
铅、砷、镉

消化
镉

肌肉
砷

骨骼
镉

重金属对人体的危害

内积累，进而导致神经系统破坏以及罹患多种癌症（如肺癌、肝癌、食道癌等）。对成年人来说，一般致癌期约为 10年，重金属污染对儿童的影响则会更大，可导致神经系统病变和智力发育不全。二是终身有害、不可逆转。三是无色无味、难以防范。

# （二）　铅（Pb）

### 1. 铅污染的来源有哪些？

土壤是自然界中铅的最大存储库，铅是构成地壳的元素之一，自然环境中的铅可以通过地壳侵蚀、火山爆发、海啸、森林山火等方式释放到大气中。土壤和尘埃中的铅对环境的危害具有积蓄作用，而且影响比较久远。铅还是人类最早使用的金属之一，具有毒性。含铅产品广泛存在于我们的日常生活之中，如陶瓷、油漆、化妆品、染发剂、儿童玩具、电池、爆米花、皮蛋等都含有不同量的铅，通过身体接触和食物进入我们的身体，同时也会进入土壤环境。传统汽油生产工艺中以四乙基铅作为防爆剂，这种汽油燃烧后从尾气中排出铅粒子，其中 1/3 的大颗粒铅迅速沉降于道路两旁数千米区域内的土壤和作物中，其余 2/3 则以气溶胶状态悬浮在大气中，通过沉降进入土壤和水体，通过呼吸道进入人体内。气溶胶悬浮态颗粒可以通过长距离的输送对环境产生较大范围的影响。

### 2. 铅的危害有哪些？

铅在 400～500 ℃可蒸发，铅蒸气在空气中能迅速氧化成氧化亚铅，并凝聚为烟尘，由于颗粒小，化学性质活泼，所以易经呼吸道和消化道进入人体，四甲铅和四乙铅还可通过人体的皮肤吸收。

铅进入呼吸道后，由于肺泡腔内 $CO_2$ 的存在而呈酸性，故易于溶解，并经肺泡进入血液；铅进入血液后，可直接作用于红细胞，使红细胞内钾离子渗出，降低细胞稳定性，阻碍血液的合成，引起溶血，导致人体贫血；还可与血细胞结合随血流迅速分布于肝、肾、脾、脑等脏器和组织中。

铅中毒后会出现头痛、眩晕、乏力、困倦、便秘和肢体酸痛等；有的口中有金属味，动脉硬化、消化道溃疡和眼底出血等症状也与铅污染有关。儿童铅中毒则出现发育迟缓、食欲不振、行走不便和便秘、失眠；若是小学生，还伴有多动、听觉障碍、注意力不集中、智力低下等现象。这是因为铅进入人体

血铅超标危害

后通过血液侵入大脑神经组织，使营养物质和氧气供应不足，造成脑组织损伤所致，严重者可能导致终身残废。特别是儿童处于生长发育阶段，对铅更敏感，进入体内的铅对神经系统有很强的亲和力，故对铅的吸收量比成年人高好几倍，受害尤为严重。铅进入孕妇体内则会通过胎盘屏障，影响胎儿发育，造成畸形等。

### 3. 铅中毒的代表性公害事件

2010 年 3～6 月，尼日利亚北部扎姆法拉州非法金矿开采导致严重铅污染，造成 250 多人因铅中毒死亡，其中大部分是 5～10 岁的儿童，另有约 450 人因铅中毒住院治疗，且人数还在不断上升。所有病例都出现在几处非法金矿周边。据悉，由于一些非法金矿不按有关规定和流程开采，对铅流失不加控制，致使许多水源被污染。当地居民饮用被污染的水后出现铅中毒症状。当地不少居民因担心铅中毒已经逃离居住地。

2010 年我国湖南省郴州市暴发血铅中毒事件，当地 23 000 多名儿童，54% 血铅含量超过国家标准，约 300 人出现铅中毒症状。

**食品中铅限量指标[12]**

| 食品类别（名称） | 限量（mg/kg，以 Pb 计） |
| --- | --- |
| 谷物及其制品[a]［麦片、面筋、八宝粥罐头、带馅（料）面米制品除外］ | 0.2 |
| 麦片、面筋、八宝粥罐头、带馅（料）面米制品 | 0.5 |
| 蔬菜及其制品 | — |
| 新鲜蔬菜（芸薹类蔬菜、叶菜蔬菜、豆类蔬菜、薯类除外） | 0.1 |

（续）

| 食品类别（名称） | 限量（mg/kg，以 Pb 计） |
|---|---|
| 　芸薹类蔬菜、叶菜蔬菜 | 0.3 |
| 　豆类蔬菜、薯类 | 0.2 |
| 蔬菜制品 | 1.0 |
| 水果及其制品 | — |
| 　新鲜水果（浆果和其他小粒水果除外） | 0.1 |
| 　浆果和其他小粒水果 | 0.2 |
| 　水果制品 | 1.0 |
| 食用菌及其制品 | 1.0 |
| 豆类及其制品 | — |
| 　豆类 | 0.2 |
| 　豆类制品（豆浆除外） | 0.5 |
| 　豆浆 | 0.05 |
| 藻类及其制品（螺旋藻及其制品除外） | 1.0（干重计） |
| 坚果及籽类（咖啡豆除外） | 0.2 |
| 　咖啡豆 | 0.5 |
| 肉及肉制品 | — |
| 　肉类（畜禽内脏除外） | 0.2 |
| 　畜禽内脏 | 0.5 |
| 　肉制品 | 0.5 |
| 水产动物及其制品 | — |
| 　鲜、冻水产动物（鱼类、甲壳类、双壳类除外） | 1.0（去除内脏） |
| 　　鱼类、甲壳类 | 0.5 |
| 　　双壳类 | 1.5 |
| 　水产制品（海蜇制品除外） | 1.0 |
| 　　海蜇制品 | 2.0 |
| 乳及乳制品 | — |
| 　生乳、巴氏杀菌乳、灭菌乳、发酵乳、调制乳 | 0.05 |

（续）

| 食品类别（名称） | 限量（mg/kg，以 Pb 计） |
|---|---|
| 乳粉、非脱盐乳清粉 | 0.5 |
| 其他乳制品 | 0.3 |
| 蛋及蛋制品（皮蛋、皮蛋肠除外） | 0.2 |
| 皮蛋、皮蛋肠 | 0.5 |
| 油脂及其制品 | 0.1 |
| 调味品（食用盐、香辛料类除外） | 1.0 |
| 食用盐 | 2.0 |
| 香辛料类 | 3.0 |
| 食糖及淀粉糖 | 0.5 |
| 淀粉及淀粉制品 | — |
| 食用淀粉 | 0.2 |
| 淀粉制品 | 0.5 |
| 焙烤食品 | 0.5 |
| 饮料类 | — |
| 包装饮用水 | 0.01（mg/L） |
| 果蔬汁类（浓缩果蔬汁（浆）除外） | 0.05（mg/L） |
| 浓缩果蔬汁（浆） | 0.5（mg/L） |
| 蛋白饮料类（含乳饮料除外） | 0.3（mg/L） |
| 含乳饮料 | 0.05（mg/L） |
| 碳酸饮料类、茶饮料类 | 0.3（mg/L） |
| 固体饮料类 | 1.0 |
| 其他饮料类 | 0.3（mg/L） |
| 酒类（蒸馏酒、黄酒除外） | 0.2 |
| 蒸馏酒、黄酒 | 0.5 |
| 可可制品、巧克力和巧克力制品以及糖果 | 0.5 |
| 冷冻饮品 | 0.3 |

（续）

| 食品类别（名称） | 限量（mg/kg，以 Pb 计） |
|---|---|
| 特殊膳食用食品 | — |
|   婴幼儿配方食品（液态产品除外） | 0.15（以粉状产品计） |
|     液态产品 | 0.02（以即食状态计） |
|   婴幼儿辅助食品 | |
|     婴幼儿谷类辅助食品（添加鱼类、肝类、蔬菜类的产品除外） | 0.2 |
|       添加鱼类、肝类、蔬菜类的产品 | 0.3 |
|     婴幼儿罐装辅助食品（以水产及动物肝脏为原料的产品除外） | 0.25 |
|       以水产及动物肝脏为原料的产品 | 0.3 |
| 其他 | — |
|   果冻 | 0.5 |
|   膨化食品 | 0.5 |
|   茶叶 | 5.0 |
|   干菊花 | 5.0 |
|   苦丁茶 | 2.0 |
|   蜂产品 | — |
|     蜂蜜 | 1.0 |
|     花粉 | 0.5 |

注：[a] 稻谷以糙米计；食品中铅含量检验方法按 GB 5009.12 规定的方法测定。

# （三）汞（Hg）

## 1. 汞污染的来源有哪些？

自然界天然释放及工业废水、废气、废渣（"三废"）的排放，且人类活动大大促进了汞在环境中的迁移和转化。除了化石燃料燃烧、化工工业排放、城市生活垃圾焚烧等途径外，许多汞的化合物还曾被作为新型农药（如芳基汞作为杀真菌剂）而广泛应用。据统计，目前全世界每年开采应用的汞量在 $1 \times 10^4$ t 以上，其中绝大部分最终以"三废"形式进入环境。而环境中任何形式的汞（金属汞、无机汞、有机汞等）均能通过甲基化转化成剧毒的甲基汞。甲基汞经食物链的生物浓缩和放大作用，可在鱼类等水生动物体内浓缩至几万甚至几十万倍，进而对人类产生严重威胁。

### 2. 汞的危害有哪些？

汞是一种毒性较大的金属，且熔点只有 $-38.87\,℃$，熔化的同时开始蒸发，在常温下就具有较大的挥发性，以汞蒸气形式污染空气，且蒸发量随温度的升高而逐步增加。汞具有高扩散性和脂溶性，进入血液后，通过血脑屏障进入脑组织，并在脑组织中氧化成汞离子（$Hg^{2+}$）与脑内蛋白质结合，造成对脑的损害。难溶性的无机汞难以进入人体，而可溶性的无机汞化合物进入人体后，以离子态与金属硫蛋白结合，容易在肾脏和肝脏中蓄积。甲基汞可迅速随血流动到达脑部，抑制脑中蛋白质的活性和 ATP 的产生，从而引发中枢神经中毒。

目前，根据汞中毒事件的流行病学调查结果，推荐人的安全摄入量为 $30\ \mu g/d$，包括由空气、水和食物等各种途径摄入的量。

### (1) 急性汞中毒

短时间（3～5 h）吸入高浓度汞蒸气（>1.0 mg/m³）及口服

大量无机汞可致急性汞中毒。

①全身症状：口内金属味、头痛、头晕、恶心、呕吐、腹痛、腹泻、乏力、全身酸痛、寒战、发热（38～39 ℃），严重者情绪激动、烦躁不安、失眠甚至抽搐、昏迷或精神失常。

②呼吸道表现：咳嗽、咳痰、胸痛、呼吸困难、发绀、听诊可于两肺闻及不同程度干湿啰音或呼吸音减弱。

③消化道表现：牙龈肿痛、糜烂、出血、口腔黏膜溃烂、牙齿松动、流涎、可有"汞线（即经唾液腺分泌的汞与口腔残渣腐败产生的硫化氢结合生成硫化汞沉积于牙龈黏膜下而形成的约 1mm 的蓝黑线）"、唇及颊黏膜溃疡，可有肝功能异常及肝脏肿大。口服中毒可出现全腹痛、腹泻、排黏液或血性便。严重者可因胃肠穿孔导致泛发性腹膜炎，可因失水等原因出现休克，个别病例出现肝脏损害。

④中毒性肾病：由于肾小管上皮细胞坏死，一般口服汞盐数小时、吸入高浓度汞蒸气 2～3d 出现水肿、无尿、氮质血症、高钾血症、酸中毒、尿毒症等直至急性肾衰竭并危及生命。对汞过敏者可出现血尿、嗜酸性粒细胞尿，伴全身过敏症状，部分患者可出现急性肾小球肾炎，严重者有血尿、蛋白尿、高血压以及急性肾衰竭（ARF）。

⑤皮肤表现：多于中毒后 2～3d 出现，为红色斑丘疹。早期于四肢及头面部出现，进而全身，可融合成片状或溃疡、感染伴全身淋巴结肿大。严重者可出现剥脱性皮炎。

**（2）亚急性汞中毒**

常见于口服及涂抹含汞偏方及吸入汞蒸气浓度不甚高（0.5～1.0 mg/m³）的病例，常在接触汞 1～4 周后发病。临床表现与急性汞中毒相似，程度较轻。但可见脱发、失眠、多梦、三颤（眼睑、舌、指）等表现。一般脱离接触及治疗数周后可治愈。

**(3) 慢性汞中毒**

汞中毒以慢性为多见，主要发生在生产活动中，长期吸入汞蒸气和汞化合物粉尘所致，长期摄入汞污染的空气、水和食物也会导致慢性汞中毒。

①神经精神症状：头晕、头痛、失眠、多梦、健忘、乏力、食欲缺乏等精神衰弱表现，经常心悸、多汗、皮肤划痕试验阳性、性欲减退、月经失调（女），进而出现情绪与性格改变，表现易激动、喜怒无常、烦躁、易哭、胆怯、羞涩、抑郁、孤僻、猜疑、注意力不集中，甚至出现幻觉、妄想等精神症状。

②口腔炎：早期齿龈肿胀、酸痛、易出血、口腔黏膜溃疡、唾液腺肿大、唾液增多、口臭，继而齿龈萎缩、牙齿松动、脱落，口腔卫生不良者可有"汞线"。

③震颤：起初穿针、书写、持筷时手颤，方位不准确、有意向性，逐渐向四肢发展，患者饮食、穿衣、行路、骑车、登高受影响，发音及吐字有障碍，从事习惯性工作或不被注意时震颤相对减轻。肌电图检查可有周围神经损伤。

④肾脏表现：一般不明显，少数可出现腰痛、蛋白尿、尿镜检可见红细胞。临床出现肾小管肾炎、肾小球肾炎、肾病综合征的病例少见。一般脱离汞及治疗后可恢复。部分患者可有肝脏肿大，肝功能异常。

**3. 汞中毒的代表性公害事件**

20 世纪 50 年代，日本熊本县水俣湾周围发生大批慢性甲基汞中毒的公害事件，即"水俣病"事件。这种病症最初出现在猫身上，被称为"猫舞蹈症"。患这种病的猫表现出抽搐、麻痹，甚至跳海死去。随后不久，此地也相继发现了患这种病症的人。表现为口齿不清、步履蹒跚、面部痴呆、手足麻痹、感觉障碍、视觉丧失、震颤、手足变形，重者神经失常，或酣睡，或兴奋，身体弯弓高叫，直至死亡。该症状只发生在水俣镇内及周边居民，所以开始的时候，人们叫这种病为"水俣病"。

### 食品中汞限量指标[12]

| 食品类别（名称） | 限量（mg/kg，以 Hg 计） | |
|---|---|---|
| | 总汞 | 甲基汞[a] |
| 水产动物及其制品（肉食性鱼类及其制品除外） | — | 0.5 |
| 　肉食性鱼类及其制品 | — | 1.0 |
| 谷物及其制品 | — | — |
| 　稻谷[b]、糙米、大米、玉米、玉米面（渣、片）、小麦、小麦粉 | 0.02 | — |
| 蔬菜及其制品 | | |
| 　新鲜蔬菜 | 0.01 | — |
| 食用菌及其制品 | 0.1 | — |
| 肉及肉制品 | | |
| 　肉类 | 0.05 | — |
| 乳及乳制品 | — | — |
| 　生乳、巴氏杀菌乳、灭菌乳、调制乳、发酵乳 | 0.01 | — |
| 蛋及蛋制品 | — | — |
| 　鲜蛋 | 0.05 | — |
| 调味品 | — | — |
| 　食用盐 | 0.1 | — |

（续）

| 食品类别（名称） | 限量（mg/kg，以 Hg 计） | |
|---|---|---|
| | 总汞 | 甲基汞[a] |
| 饮料类 | — | — |
| 　矿泉水 | 0.001 mg/L | — |
| 特殊膳食用食品 | | |
| 　婴幼儿灌装辅助食品 | 0.02 | |

注：[a] 水产动物及其制品可先测定总汞，当总汞水平不超过甲基汞限量值时，不必测定甲基汞；否则，需再测定甲基汞。

[b] 稻谷以糙米计。

食品中汞含量检验方法按 GB/T 5009.17 规定的方法测定。

　　水俣病的遗传性也很强，孕妇食用了被甲基汞污染的海产品后，可能引起婴儿患先天性水俣病，就连一些健康者（可能是受害轻微，无明显病症）的后代也难逃厄运。许多先天性水俣病患儿，都存在运动和语言方面的障碍，其病状酷似小儿麻痹症，这说明要消除水俣病的影响绝非易事。由此，环境科学家认为沉积物中的重金属污染是环境中的一颗"定时炸弹"，当外界条件适应时，就可能导致过早爆炸。例如在缺氧的条件下，一些厌氧生物可以把无机金属甲基化。尤其近 20 年来大量污染物无节制的排放，已使一些港湾和近岸沉积物的吸附容量趋于饱和，随时可能引爆这颗化学污染"定时炸弹"。

## （四）铬（Cr）

### 1. 铬污染的来源有哪些？

铬的天然来源主要是岩石风化，且大多是 $Cr^{2+}$。铬在世界

上的年产量约为 $7.5 \times 10^6$ t，90％用于钢铁生产，主要是铁铬、硅铬冶炼及生产耐火材料、电镀、皮革、制药等。所有生产和应用铬及其化合物的工程均可能发生铬与人体的接触，或产生含铬的废水、废气和废渣，造成环境铬污染。

### 2. 铬的危害有哪些?

铬是人体必需的微量金属元素之一，也可在过量接触后，引起严重的急性或慢性中毒。自然条件下，铬以多种价态存在，通常是 $Cr^{2+}$、$Cr^{3+}$ 和 $Cr^{6+}$，$Cr^{2+}$ 离子能被空气迅速氧化成 $Cr^{3+}$，而 $Cr^{3+}$ 和 $Cr^{6+}$ 对人体都有毒害作用，其中 $Cr^{6+}$ 的毒性比 $Cr^{3+}$ 要高 100 倍左右，是强致突变物质，可诱发肺癌和鼻咽癌，$Cr^{3+}$ 有致畸作用。中国营养学会目前推荐成人每天的铬适宜摄入量为 $50\mu g$，而每天可耐受最高摄入量为 $500\mu g$。

**食品中铬限量指标**

| 食品类别（名称） | 限量（mg/kg，以 Cr 计） |
| --- | --- |
| 谷物及其制品 | |
| 　谷物[a] | 1.0 |
| 　谷物碾磨加工品 | 1.0 |
| 蔬菜及其制品 | |
| 　新鲜蔬菜 | 0.5 |
| 豆类及其制品 | |
| 　豆类 | 1.0 |
| 肉及肉制品 | 1.0 |
| 水产动物及其制品 | 2.0 |
| 乳及乳制品 | |
| 　生乳、巴氏杀菌乳、灭菌乳、调制乳、发酵乳 | 0.3 |
| 　乳粉 | 2.0 |

注：[a] 稻谷以糙米计；食品中铬含量检验方法按 GB/T 5009.123 规定的方法测定。

**（1）急性中毒**

短时间、大剂量的铬经消化道和呼吸道进入人体后，可引起恶心、呕吐、腹痛、腹泻、血便以至脱水，同时伴有头晕、头痛、呼吸急促、烦躁、口唇与指甲青紫、脉搏加快、四肢发凉、肌肉痉挛、尿少或无尿等，同时铬对皮肤还具有刺激和腐蚀作用，可引起急性皮肤糜烂及变态反应皮肤炎。

**（2）亚急性和慢性中毒**

通过呼吸道吸入引起的亚急性和慢性铬中毒，一般表现为对呼吸道的刺激和腐蚀作用，可引起鼻炎、咽炎、支气管炎，严重者可引起鼻部严重病变，如溃疡、鼻中隔糜烂，甚至穿孔。皮肤长期接触铬化合物可引起接触性皮炎或湿疹，手背、腕、前臂等裸露部位的红斑、丘疹、浸润、渗出、脱屑等，病程长、恢复慢、易复发，严重时引起"铬疮"。铬酸雾还对眼结膜有刺激作用、引起流泪，可刺激口腔、咽黏膜，引起软腭、咽后壁干燥以致出现淡黄色小溃疡等。长期接触铬盐粉尘或铬酸雾，还可产生全身性反应，如出现头痛、消瘦、贫血、消化不良、

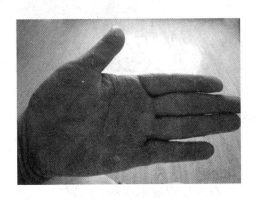

铬中毒引起的接触性皮炎

肾脏损害、支气管哮喘、肺炎、神经衰弱等，还会增大高血压、高血脂、冠心病及肺心病等病症的发病风险。

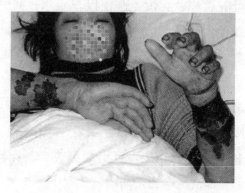

"铬疮"

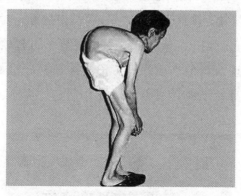

镉中毒症状

### 3. 铬中毒的代表性公害事件

2012 年 4 月 15 日，中央电视台《每周质量报告》节目《胶囊里的秘密》，曝光了非法厂商用皮革下脚料造药用胶囊。河北一些企业，用生石灰处理皮革废料，熬制成工业明胶，卖给绍兴新昌一些企业制成药用胶囊，最终流入药品企业，进入患者腹中。由于皮革在工业加工时，要使用含铬的鞣制剂，因此这样制成的胶囊，往往重金属铬超标。经检测，有9家药厂13个批次药品，所用胶囊重金属铬含量超标。"毒胶囊"事件曝光后，涉嫌"涉毒"的9家药企无一企业为事件向消费者公开道歉。2012年4月21日，卫生部要求各级各类医疗机构要积极配合药监部门，召回铬超标药用胶囊事件相关药品生产企业生产的检验不合格批次药品，立即暂停购入和使用相关企业生产的所有胶囊剂药品。

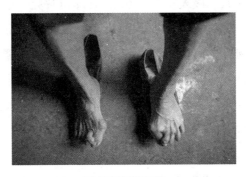

镉中毒致脚畸形

## （五）砷（As）

### 1. 砷污染的来源有哪些？

大气中的砷污染除有岩石风化、火山爆发等自然原因外，主要来自以砷化物为主要成分的农药，大量甲砷酸和二甲次砷酸用作选择性除莠剂和林业杀虫剂。铬砷合剂、砷酸钠和砷酸锌用作木材防腐剂，防止霉菌和昆虫的破坏。某些苯胂酸化合物，还被作为禽畜饲料添加剂和抗生素成分，砷在畜禽粪便中累积，通过制成的有机肥被施入土壤，成为现代集约化农业生产中砷污染的一个重要来源。另外，工厂和矿山含砷废水、废渣的排放，以及矿物燃烧等也都是造成土壤砷污染的重要来源。

## 2. 砷的危害有哪些?

砷是一种有毒的类金属，一般而言无机砷比有机砷毒性强，三价砷比五价砷毒性强，无机砷氧化物及含氧酸是最常见的砷中毒的原因。成人服入三氧化二砷（即砒霜）$0.01\sim0.05$ g，即可出现中毒症状，服入 $0.06\sim0.2$ g，即可致死。空气中砷化氢含量达到 1 mg/L，$5\sim10$ min 即可发生致命性中毒。二硫化砷（雄黄）、三硫化二砷（雌黄）及砷化氢等砷中毒也较常见。Klocke（1989）研究土壤砷浓度和植物可食部分砷积累量的关系认为，为保证植物可食部分砷含量不超过人体最大允许日摄取量（ADI），土壤砷浓度应小于 20 mg/kg。

**食品中砷限量指标[12]**

| 食品类别（名称） | 限量（mg/kg，以 As 计） | |
|---|---|---|
| | 总砷 | 无机砷 |
| 谷物及其制品 | — | |
|     谷物（稻谷[a] 除外） | 0.5 | |
|     谷物碾磨加工品（糙米、大米除外） | 0.5 | |
|     稻谷[a]、糙米、大米 | — | 0.2 |
| 水产动物及其制品（鱼类及其制品除外） | | 0.5 |
|     鱼类及其制品 | | 0.1 |
| 蔬菜及其制品 | | |
|     新鲜蔬菜 | 0.5 | — |

| 食品类别（名称） | 限量（mg/kg，以 As 计） | |
| --- | --- | --- |
| | 总砷 | 无机砷 |
| 食用菌及其制品 | 0.5 | — |
| 肉及肉制品 | 0.5 | — |
| 乳及乳制品 | — | |
| 　生乳、巴氏杀菌乳、灭菌乳、调制乳、发酵乳 | 0.1 | |
| 　乳粉 | 0.5 | |
| 油脂及其制品 | 0.1 | |
| 调味品（水产调味品、藻类调味品和香辛料类除外） | 0.5 | |
| 　水产调味品（鱼类调味品除外） | — | 0.5 |
| 　鱼类调味品 | — | 0.1 |
| 食糖及淀粉糖 | 0.5 | — |
| 饮料类 | — | |
| 　包装饮用水 | 0.01 mg/L | — |
| 可可制品、巧克力和巧克力制品以及糖果 | — | |
| 　可可制品、巧克力和巧克力制品 | 0.5 | |
| 特殊膳食用食品 | — | |
| 　婴幼儿谷类辅助食品（添加藻类的产品除外） | — | 0.2 |
| 　　添加藻类的产品 | — | 0.3 |
| 　婴幼儿罐装辅助食品（以水产及动物肝脏为原料的产品除外） | — | 0.1 |
| 　　以水产及动物肝脏为原料的产品 | — | 0.3 |

注：[a] 稻谷以糙米计；食品中砷含量检验方法按 GB/T 5009.11 规定的方法测定。

**(1) 急性中毒**

主要见于口服砒霜所致，故常称砒霜中毒，一般口服后10～90min即可出现中毒症状。早期常见消化道症状，如口及咽喉部有干、痛、烧灼、紧缩感，声嘶、恶心、呕吐、咽下困难、腹痛和腹泻等。呕吐物先是胃内容物及米泔水样，继之混有血液、黏液和胆汁，有时杂有未吸收的砷化物小块；呕吐物可有蒜样气味。重症极似霍乱，开始排大量水样粪便，以后变为血性，或为米泔水样混有血丝，很快发生脱水、酸中毒以至休克。同时可有头痛、眩晕、烦躁、谵妄、中毒性心肌炎、多发性神经炎等。少数有鼻衄及皮肤出血。

**(2) 慢性中毒**

慢性中毒一般表现为职业性砷化物中毒和地方性砷中毒两种形式。职业性砷化物中毒见于熔烧含砷矿石，制造合金、玻璃、陶瓷、含砷医药和农药以及印染的生产工人，砷化物经皮肤或创面吸收，长期接触砷化物引起慢性中毒。饮食中含砷过高，则可引起地方性砷中毒。

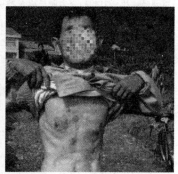

砷中毒患者身上的砷疔及砷斑

慢性砷中毒症状除神经衰弱症状外，突出表现为多样性皮肤损害和多发性神经炎。砷化合物粉尘可引起刺激性皮炎，好发在胸背部、皮肤皱褶和湿润处，如口角、腋窝、阴囊、腹股沟等。皮肤干燥、粗糙处可见丘疹、疱疹、脓疱，少数人有剥脱性皮炎，日后皮肤呈黑色或棕黑色的散在色素沉着斑。毛发有脱落，手和脚掌有角化过度或蜕皮，典型的表现是手掌的尺侧缘、手指的根部有许多小的、角样或谷粒状角化隆起，俗称砒疗或砷疗，其可融合成疣状物或坏死，继发感染，形成经久不愈的溃疡，可转变为皮肤原位癌。黏膜受刺激可引起鼻咽部干燥、鼻炎、鼻出血，甚至鼻中隔穿孔。还可引起结膜炎、齿龈炎、口腔炎和结肠炎等。同时可发生中毒性肝炎（极少数发展成肝硬化），骨髓造血再生不良，四肢麻木、感觉减退等周围神经损害表现。

### 3. 砷中毒的代表性公害事件

1900 年英国曼彻斯特因啤酒中添加含砷的糖，造成 6 000 人中毒和 71 人死亡。1955—1956 年日本发生的森永奶粉中毒事件，是因含三氧化二砷达 25～28 mg/kg 引起的。日本森永奶粉公司，因使用含砷中和剂，引起 1.2 万多人中毒，130 人因脑麻痹而死亡。

孟加拉国的砷污染更是被世界卫生组织称为"历史上一国人口遭遇到的最大的群体中毒事件"。据 2009 年 11 月报道，孟加拉国可能有 200 万人集体砷中毒，且已经造成多人丧命，未来将有更多人因此失去生命，堪称人类史上最大的中毒案。孟加拉国挖掘许多池塘作为养殖鱼类与储水灌溉用，科学家发现，这些池塘是居民集体砷中毒的罪魁祸首。研究指出，祸首就是数万个人工池塘。孟加拉国当局挖掘这些池塘，并以挖出的泥土防洪。科学家很早即知，这些砷来自孟加拉国全境数百万个以低科技挖掘的"管状深井"的井水。《金融快报》2004 年 4 月 28 日称：孟加拉国卫生部长侯赛因在一医生培训项目开幕式上称，大约有 2 900 万孟加拉人面临砷污染威胁，其中 15 100 人已经被界定为慢性砷中毒病人。

我国湖南省常德市石门县鹤山村，1956 年国家建矿开始用土法人工烧制雄黄炼制砒霜，直到 2011 年企业关闭，砒灰漫天飞扬，矿渣直接流入河里，以致土壤砷超标 19 倍，水含砷量超过标准上千倍。鹤山村全村 700 多人中，有近一半的人都是砷中毒患者，因砷中毒致癌死亡的已有 157 人。

雄黄矿周边遭受砷污染而荒芜的农田

## （六）镉（Cd）

### 1. 镉污染的来源有哪些？

镉在自然界中主要以硫镉矿的形式存在，并常与铅、锌矿共生，农田中的镉污染主要来源于有色金属矿开发和冶炼过程中排出的"三废"（废水、废弃、废渣）、化石燃料燃烧排放的烟气，以及含镉肥料和杀虫剂的施用。镉比其他重金属更容易被土壤和农作物吸附，环境中的镉可在生物体内富集，通过食物链进入人体，引起慢性中毒。环境中的镉主要以二价镉离子型 $Cd^{2+}$ 存在，并可随水迁移到土壤、植物和人体当中。镉在酸性环境下迁移性和被植物吸收利用的比率一般较碱性环境下要高，这是由于镉的氢氧化物难溶于水，而硝酸镉、卤化镉（氟化镉除外）及硫酸镉均可溶于水。农业环境修复领域按照污染修复和生物可利用程度的原则，将环境中的镉划分为生物有效态（水溶态和离子交换态）、可转换态［碳酸盐态、铁锰氧化物态、弱有机结合态（腐殖酸态）］，以及稳定态（强有机结合态、残渣态）三类形态。

### 2. 镉的危害有哪些?

金属镉毒性很低，但其化合物毒性很高，人体的镉中毒主要是通过消化道与呼吸道摄取被镉污染的水、食物、空气而引起的。口服镉盐后，中毒潜伏期极短，$10\sim20$ min 后即可发生恶心、呕吐、腹痛、腹泻等症状，严重者伴有眩晕、大汗、虚脱、上肢感觉迟钝、麻木，严重者甚至可能休克。

### (1) 急性中毒

吸入氧化镉烟雾可产生镉急性中毒症状，以呼吸系统损害为主，中毒早期表现为咽痛、咳嗽、气短、头晕、恶心、全身酸痛、无力、发热等症状，严重者可出现急性肺泡性肺水肿、急性呼吸窘迫综合征或化学性肺炎，有明显的呼吸困难、胸痛、咳出大量泡沫状血色痰，中毒者最终可因急性呼吸衰竭致死。镉从消化道进入人体后，则会出现呕吐、胃肠痉挛、腹痛、腹泻等症状，甚至可因肝肾综合征死亡。

**（2）慢性中毒**

长期微量摄入镉可以通过组织、器官的累积引起慢性中毒，镉与巯基蛋白的结合，不仅是许多酶活性抑制或灭活的机理，也是镉在生物体内长期蓄积的主要原因。水稻和烟草都会选择性吸收镉，主要是由于镉能与这两种植物蛋白质中谷蛋白的巯基结合。

在镉浓度为 1 mg/kg 土壤中生长的烟叶，其镉含量可达 20～30 mg/kg。吸烟者体内的镉蓄积量因而会高出正常人数倍之多，在肝、肾、肺中的含镉量可达 30 mg，并且绝大部分镉在人体内均以镉硫蛋白 Cd-MT 的形式存在。镉慢性中毒引起的肾损害主要表现为：出现糖尿、蛋白尿、血尿等症状，并使尿酸、尿钙、尿磷和酸性粘多糖的排出量增加。由于尿中钙、磷和黏蛋白的增加，使尿的黏度提高，引起晶体—胶体关系改变，致使肾结石的可能性增加。与此同时，肾功能不全又导致维生素 $D_3$ 活性降低，干扰钙在骨质中的沉积，妨碍十二指肠中钙结合蛋白的生成，影响人体对钙的吸收和成骨作用，抑制骨骼生长，造成骨质疏松、骨骼萎缩、变形等症状，同时妨碍骨胶原的固化成熟，导致骨骼软化，罹患俗称的"痛痛病"，表现为全身疼痛、多发性骨折而引起的身躯缩短骨骼变形，最后发生肌萎缩及其他并发症死亡。

## 食品中镉限量指标[12]

| 食品类别（名称） | 限量（mg/kg，以 Cd 计） |
|---|---|
| 谷物及其制品 | — |
|   谷物（稻谷[a] 除外） | 0.1 |
|   谷物磨加工品（糙米、大米除外） | 0.1 |
|   稻谷[a]、糙米、大米 | 0.2 |
| 蔬菜及其制品 | — |
|   新鲜蔬菜（叶菜蔬菜、豆类蔬菜、块根和块茎蔬菜、茎类蔬菜除外） | 0.05 |
|     叶菜蔬菜 | 0.2 |
|     豆类蔬菜、块根和块茎蔬菜（芹菜除外） | 0.1 |
|     芹菜 | 0.2 |
| 水果及其制品 | — |
|   新鲜水果 | 0.5 |
| 食用菌及其制品 | — |
|   新鲜食用菌（香菇和姬松茸除外） | 0.2 |
|     香菇 | 0.5 |
|   食用菌制品（姬松茸制品除外） | 0.5 |
| 豆类及其制品 | — |
|   豆类 | 0.2 |
| 坚果及籽类 | — |
|   花生 | 0.5 |
| 肉及肉制品 | — |
|   肉类（畜禽内脏除外） | 0.1 |
|     畜禽肝脏 | 0.5 |
|     畜禽肾脏 | 1.0 |

（续）

| 食品类别（名称） | 限量（mg/kg，以 Cd 计） |
|---|---|
| 肉制品（肝脏制品、肾脏制品除外） | 0.1 |
| 肝脏制品 | 0.5 |
| 肾脏制品 | 1.0 |
| 水产动物及其制品 | — |
| 鲜、冻水产动物 | |
| 鱼类 | 0.1 |
| 甲壳类 | 0.5 |
| 双壳类、腹足类、头足类、棘皮类 | 2.0（去除内脏） |
| 水产制品 | — |
| 鱼类罐头（凤尾鱼、旗鱼罐头除外） | 0.2 |
| 凤尾鱼、旗鱼罐头 | 0.3 |
| 其他鱼类制品（凤尾鱼、旗鱼制品除外） | 0.1 |
| 凤尾鱼、旗鱼制品 | 0.3 |
| 蛋及蛋制品 | 0.05 |
| 调味品 | — |
| 食用盐 | 0.5 |
| 鱼类调味品 | 0.5 |
| 饮料类 | — |
| 包装饮用水（矿泉水除外） | 0.005 mg/L |
| 矿泉水 | 0.003 mg/L |

注：[a] 稻谷以糙米计；食品中镉含量检验方法按 GB/T 5009.15 规定的方法测定。

镉中毒还可能出现以下病症：

①高血压：镉中毒后对血管产生局部作用，其抗利尿作用又导致水、$Na^+$ 滞留，提高肾上腺素活性，从而可能引起高血压。

②睾丸损害：睾丸组织对镉很敏感，可引起精子数量下降、活性降低、畸形率上升。

### 3. 镉中毒的代表性公害事件

19世纪80年代，日本富山县平原神通川上游的神冈矿山成为从事铅、锌矿的开采、精炼及硫酸生产的大型矿山企业。然而在采矿过程及堆积的矿渣中产生的含有镉等重金属的废水却直接长期流入周围的环境中，在当地的水田土壤、河流底泥中产生了镉等重金属的沉淀堆积。镉通过稻米进入人体，首先引起肾脏障碍，逐渐导致软骨症，在妇女妊娠、哺乳、内分泌不协调、营养性钙不足等诱发原因存在的情况下，使妇女得上一种浑身剧烈疼痛的病，叫"痛痛病"或"骨痛病"，重者全身多处骨折，在痛苦中死亡。从1931年到1968年，神通川平原地区被确诊患此病的人数为258人，其中死亡128人，至1977年12月又死亡79人。

# 三、
# 农田土壤重金属污染
# 监测与评价

## （一）农田土壤采样[13]

### 1. 农田土壤监测单元分类

农田土壤监测单元按照污染类型可分为：大气污染型土壤监测单元、灌溉水污染监测单元、固体废物堆污染型土壤监测单元、农用固体废物污染型土壤监测单元、农用化学物质污染型土壤监测单元以及综合污染型土壤监测单元（污染物主要来自上述两种以上途径）。因污染物及来源的特点各不相同，所以不同类型监测单元的采样点布置方法也各有不同。

### 2. 采样点布置

根据调查目的、调查精度和调查区域环境状况等因素确定监测单元。一般来说，大气污染型和固体废物堆污染型土壤监测单元以污染源为中心放射状布点，在主导风向和地表水径流方向适当增加采样点（离污染源的距离应远于其他点）；灌溉水污染型、农用固体废物污染型和农用化学物质污染型土壤监测单元采用均匀布点；灌溉水污染型土壤监测单元采用按水流方向带状布点，采样点自纳污口起由密渐疏；综合污染型土壤监测单元布点采用综合放射状布点法、均匀布点法、带状布点法。

### 3. 样品采集

一般农田土壤环境监测采集耕作层土壤,种植一般农作物采集厚度0~20cm,种植林果类农作物采集厚度0~60cm。为了保证样品的代表性,降低监测费用,采取采集混合样的方案。每个土壤单元采样点数通常为5~20个,混合样量往往较大,需要用四分法弃取,最后留下1~2kg,装入样品袋。

## (二) 农田土壤环境质量评价参数及计算公式

用于评价土壤环境质量的参数有土壤单项污染指数、土壤综合污染指数、土壤污染积累指数、土壤污染物超标倍数、土壤污染样本超标率、土壤污染面积超标率、土壤污染物分担率及土壤污染分级标准等,相应指标计算公式如下:

$$土壤单项污染指数=\frac{污染物实测值}{污染物质量标准值}$$

$$土壤综合污染指数=\sqrt{\frac{(平均单项污染指数)^2+(最大单项污染指数)^2}{2}}$$

$$土壤污染积累指数=\frac{污染物实测值}{污染物背景值}$$

$$土壤污染物超标倍数=\frac{污染物实测值}{污染物质量标准值}$$

$$土壤污染样本超标率(\%)=\frac{超标样本总数}{监测样本总数}\times100$$

$$土壤污染面积超标率(\%)=\frac{超标点面积之和}{监测总面积}\times100$$

$$土壤污染样分担率(\%)=\frac{某项污染指数}{各项污染指数之和}\times100$$

## （三）评价方法

土壤环境质量评价一般以土壤单项污染指数为主，但当区域内土壤质量作为一个整体与区域外土壤质量比较时，或一个区域内土壤质量在不同历史阶段比较时，应用土壤综合污染指数评价。土壤综合污染指数全面反映了各污染物对土壤的不同作用，同时又突出了高浓度污染物对土壤环境质量的影响，适用于评价土壤环境的质量等级，下表为《农田土壤环境质量监测技术规范》划定的土壤污染分级标准。

**土壤污染分级标准**

| 土壤级别 | 土壤综合污染指数（$P_{综}$） | 污染等级 | 污染水平 |
|---|---|---|---|
| 1 | $P_{综} \leqslant 0.7$ | 安全 | 清洁 |
| 2 | $0.7 < P_{综} \leqslant 1.0$ | 警戒限 | 尚清洁 |
| 3 | $1.0 < P_{综} \leqslant 2.0$ | 轻污染 | 土壤污染超过背景值，作物开始受到污染 |
| 4 | $2.0 < P_{综} \leqslant 3.0$ | 中污染 | 土壤、作物均受到中度污染 |
| 5 | $P_{综} > 3.0$ | 重污染 | 土壤、作物受污染已相当严重 |

# 四、
# 农田土壤重金属污染修复
# 治理原理与技术

## （一）农田土壤重金属形态与特点

土壤—生物系统中的重金属，其蓄积能力和生物毒性不仅与其总量有关，更大程度上由其形态分布所决定，不同形态的重金属具有不同的环境效应和生物可利用性[14,15]。欧洲共同体标准物质局提出了较新的划分方法，将重金属的形态分为 4 种，即酸溶态（如碳酸盐结合态）、可还原态（如铁锰氧化物态）、可氧化态（如有机态）和残渣态，所用提取方法称为 BCR 提取法[16]，此种方法操作简单实用而被广泛接受。

水溶态和可交换态的重金属易被植物吸收，具有很大的迁移性；铁锰氧化态和碳酸盐结合态这两组重金属与土壤结合较弱，最易被酸化环境分解释放，是重金属有效性的潜在来源；残渣态属于不溶态重金属，只有通过化学反应转化成可溶态物质才对生物产生影响[17]。

不同形态的重金属被释放的难易程度不同，在土壤中所处的能量状态不同，导致其迁移性、环境效应以及生物有效性也不同。重金属在土壤中的赋存形态及其相互间的比例关系，不仅与物质来源有关，而且与土壤质地、理化性质（pH、Eh、

CEC 等）、土壤胶体、有机质含量、矿物特征、环境生物等因素有关[18]。

## （二）影响农田生态系统中重金属生物有效性的因素

农田生态系统中影响重金属生物有效性的因素很多，主要有土壤性质、重金属的复合污染、植物特性、人为活动及污染的时间等[19]。

### 1. 土壤 pH

就决定土壤中重金属的生物有效性而言，土壤 pH 比土壤矿物学更具有重要的地位。土壤 pH 不仅决定了各种土壤矿物的溶解度，而且影响着土壤溶液中各种离子在固相上的吸附程度。

首先，随着土壤 pH 的升高，各种重金属元素在土壤固相上的吸附量和吸附能力加强[19]。研究表明酸性沙土中 pH 每增 0.5 个单位，土壤对 Cd 的吸附量就增加一倍[20]，随 pH 的升高，Cd 的吸附量和吸附能力急剧上升，最终发生沉淀。但是土壤 pH 对土壤中重金属元素的生物有效性影响并不是单一的递增关系。经过对水—土壤体系中 pH 对 Cd 生物有效性（0.1mol/L CaCl$_2$）提取影响的研究发现，在 pH<6 时 Cd 的生物有效性随 pH 的升高而增加，而在 pH>6 时 Cd 生物有效性则随 pH 升高而降低[21]。

### 2. 土壤有机质

有机质是土壤的最重要的组成部分之一。土壤中有机质含量的多少不仅决定土壤的营养状况，而且有机质通过与土壤中的重金属元素形成络合物来影响土壤中重金属的移动性及其生物有效性[22-24]。研究表明，紫色土中随土壤腐殖质浓度的增加，有机汞浓度增加，而有效态汞却减少[23]。

另外，有机质加入土壤中还能改变土壤对重金属元素的吸附作用，天然有机质是一种有效的吸附剂，能极大地降低离子的活度[25]，它还可以改变土壤的 pH 和 Eh，从而影响重金属的沉淀及溶解平衡[26,27]。最后，土壤中有机质的增加通过改变重金属元素的化学形态分布，还可以增加其移动性。咸翼松（2008）研究发现，泥炭处理增加了黄斑田水溶态、交换态和有机结合态 Cd 含量，但降低了铁锰氧化物结合态 Cd 含量；在青紫泥中，泥炭处理增加了交换态和有机结合态 Cd 含量，但降低铁锰氧化物结合态含量；施用泥炭后，Cd 形态的变化可能与泥炭导致土壤 pH 下降和水溶性有机物增加有关[28]。

然而，土壤有机质对植物吸收重金属的影响是不相同的，造成不同的原因可能是，可溶性的有机物能和重金属形成络合物增加重金属的移动性和生物有效性，但是大分子的固相有机物会同土壤中的黏土矿物一起吸附重金属，限制其移动性[19]。

### 3. 土壤微生物

土壤微生物的活动可以直接或间接影响重金属的形态转化，继而导致重金属的活化或钝化[29]。

微生物对重金属与在土壤中的赋存形态、移动性和生物毒性均有重要影响，主要体现在：微生物介导的重金属氧化、还原和甲基化；微生物通过改变铁、硫等的氧化还原状态影响重金属的生物有效性；微生物通过有机质的代谢形成络合物进而影响重金属的生物有效性；微生物表面对重金属的吸附和固定作用等[30]。

微生物参与的重金属活化和钝化过程[29]

| 微生物参与的<br>重金属活化过程 | 微生物参与的重金属钝化过程 |
|---|---|
| 化能无机自养生物淋洗，如产 $H^+$、$SO_4^{2-}$ 等 | 生物吸附，如金属结合多肽、多糖、胞外物质、细胞壁等 |
| 化能有机自养生物淋洗，如产 $H^+$、摄铁素、有机酸等氧化还原反应，如： | 细胞内积累：跨膜运输、胞内沉淀与固定等 |
| | 生物成矿：草酸盐、碳酸盐、磷酸盐、氧化物、氢氧化物、硫化物、纳米生物矿物等 |
| $Hg$（II）$\rightarrow Hg$（0） | |
| $As$（V）$\rightarrow As$（III） | 氧化还原反应，如： |
| 甲基化，如：$Hg^{2+} \rightarrow$ | $Cr$（VI）$\rightarrow Cr$（III） |
| $(CH_3)Hg^+$，$(CH_3)_2Hg$ | $As$（III）$\rightarrow As$（V） |
| | 金属纳米颗粒的形成，如：$Se$（0） |

## 4. 农业活动

农业活动对土壤中的重金属元素的生物有效性起着最重要的影响和改造作用。

### （1）耕作对土壤中重金属有效性的影响

首先，耕作的强度影响着土壤的结构，并且不良的耕作会导致土壤中有机质的大量丧失，其直接结果就是导致土壤中重金属元素大量进入食物链[19]。

### （2）施肥对土壤中重金属有效性的影响

肥料的主要成分可以直接与重金属发生相互作用，影响重金属在土壤中的存在形态及吸附强度，进而决定和控制重金属的生物有效性。施肥可以通过如下几种途径而影响到植物对土壤中重金属的吸收：促进植物生长；带入重金属离子；影响土壤 pH（少数情况下影响到土壤 Eh）；提供能沉淀、络合重金属的基团；带入竞争离子；影响植物根系和地上部的生理代谢过程或重金属在植物体内的运转等而间接影响重金属元素的吸收[31]。

①氮肥对土壤中重金属有效性的影响：施加不同形态的氮肥可造成土壤—植物根际环境状况的变化，从而影响 Cd 在根际土体的化学行为，导致 Cd 有效性的差异，进而影响植物对 Cd 的吸收[31]。一些肥料尤其是含 $NH_4^+$ 的氮肥，长期大量施用会引起土壤酸化，进而可能增加重金属的溶解性和移动性[24]。$NH_4^+$ 进入土壤后发生硝化作用，短期内可使土壤 pH 明显降低，若其施在孕穗期，势必造成籽粒中 Cd 的显著积累。$NH_4^+$ 被禾谷类作物吸收后，导致根际 pH 降低；$NH_4^+$ 还能与 Cd 形成络合物从而降低土壤对 $Cd^{2+}$ 的吸附[31]。

②磷肥对土壤中重金属有效性的影响：磷肥对植物吸 Cd 的影响研究较多，普遍认为，磷酸根能与 Cd 形成沉淀而降低 Cd 的有效性。但是，实际操作过程中，通常为了强化重金属污染土壤的自然修复能力，而向土壤中施入远超过作物正常生长需求，因此，为避免过量施肥引起的营养元素淋失加剧和面源污染问题，本领域学者建议：在非石灰性土壤上配合施用石灰物质以补偿潜在的土壤酸化风险[32,33]；将水溶性磷肥与难溶性磷肥配合施用，一方面利用水溶性磷肥快速降低重金属有效浓度至可接受的水平，另一方面利用难溶性磷肥提供稳定的磷源，从而稳定持续固定重金属[34,35]。

③钾肥对土壤中重金属有效性的影响：农业生产中常用的钾肥主要有氯化钾（KCl）、硫酸钾（$K_2SO_4$）、硝酸钾（$KNO_3$）和磷酸二氢钾（$KH_2PO_4$）等，另外农家肥中常用的草木灰中也

含有大量的钾。这些钾肥的施用不但能够补充土壤和植物生长所需的钾元素，同时也可以对土壤—植物系统中的重金属活性产生影响。不同类型的钾肥对土壤中重金属的活性和植物吸收重金属的过程会产生不同的影响。多数研究表明，KCl 促进了植物对镉的吸收；$K_2SO_4$ 在旱地是促进镉吸收的效果，在水田则相反，可能与 $SO_4^{2-}$ 在水田易被还原有关；$KNO_3$ 的效果相对较弱[24,36-40]。

④有机肥对土壤中重金属有效性的影响：有机肥不但可以改善土壤质量，为植物提供养分，还可以在一定程度上降低重金属离子的危害。有机肥中含有大量的腐殖物质（带有羧基、羟基、氨基、羰基等官能团，拥有巨大的比表面积），可直接对重金属产生强的表面络合或包裹作用，使其老化。另外，有机肥施入土壤后能够有效改善土壤结构和性质（如有机质含量、pH、Eh 等），提高土壤对重金属的缓冲和固定能力[24]。

⑤其他种类肥料对土壤中重金属有效性的影响：$Cl^-$ 与 Cd 形成的络合物能使可溶态 Cd 增加，因而植物吸收 Cd 量也随之增加。微量元素 Mn、Zn 与 Cd 具有接近相等的离子半径和相同的价态（＋2 价），化学上具有相似性，Cd、Mn、Zn 在根的表面有类似的吸收位点，它们之间易发生拮抗作用，存在竞争吸收，因此，在 Cd 污染土壤上增施 Zn、Mn 肥料可能抑制作物对 Cd 的吸收[28]。

**（3）种植模式对土壤中重金属有效性的影响**

农田生态系统是一个开放的系统，它与外界不断地进行着物质和能量的交换。健全的农田生态系统是一个具有物质循环与转化功能、缓冲功能、净化功能、能流功能和生物多样性功能的动态平衡体系。重金属进入农田生态系统后，可以通过土壤的自净化或钝化作用来降低其有效性，从而降低其毒性。因此重金属轻度超标的农田生态系统，可通过各种调控措施来维护或恢复其生态功能，进而实现其生态功能的可持续性，最终将进入农田生态系统中的重金属合理调配或输出到生态系统以外[24]。

# 五、

# 几种土壤重金属污染的
# 主要防控技术

土壤重金属污染的修复通常是通过转化重金属的存在形态，去除或降低其毒性，或者将重金属污染物从土壤中去除来实现的。常用的修复方法主要包括物理方法、化学方法以及生物方法。根据修复地点还可以分为原位修复和异位修复：原位修复是指在污染场地处理污染物，不需要挖掘土壤到其他地方；相反，异位修复是指不在污染物原来的位置修复[41]。为了最低程度地影响农业生产和农产品产量，农田土壤重金属污染治理一般采用原位修复方式。

## （一）物理工程修复技术

物理工程修复技术措施主要包括客土、换土、深翻及去表土、电化学法、淋洗法、热处理法、固定法、玻璃化法等。通常，物理调控也可能伴随着一系列的化学或生物过程。物理工程措施治理效果最为显著、稳定，是一种治本措施，但是修复投资费用较大，存在二次污染风险及肥力降低问题，多用于小面积重度污染土壤的治理[24]。

## （二）化学修复技术

化学修复就是通过向土壤中加入改良剂或修复剂以改变土壤理化性质，通过对重金属的吸附、沉淀或共沉淀作用，改变重金属在土壤中的存在形态，从而降低目标重金属的生物有效性和迁移性。根据改良剂或修复剂对重金属的作用又可分为钝化稳定技术和淋洗修复技术两类。

### 1. 钝化稳定技术

钝化稳定技术指通过向污染土壤中添加稳定剂，利用化学反应将重金属污染物转化成低活动稳定态，降低土壤中重金属的水溶性、扩散性和生物有效性，从而降低它们进入植物体、微生物和水体的能力，减轻它们对生态环境危害的方法[41]。常用的稳定剂包括有机和无机两类。无机稳定剂主要包括石灰、碳酸钙、氧化镁、粉煤灰等碱性物质，羟基磷灰石、磷矿粉、磷酸氢钙等磷酸盐，以及沸石、硅藻土、膨润土等矿物质。有机稳定剂主要包括草炭、生物炭、黏土矿物等物质。

**重金属污染土壤钝化修复材料**[42]

| 材料类型 | 材料名称 | 目标金属 | 作用机理 |
|---|---|---|---|
| 磷化合物 | 磷矿粉、磷酸、钙镁磷肥、磷灰石 | Pb、Cd | 矿物表面吸附重金属或与重金属形成沉淀 |
| 碱性物质 | 硅酸钙、钢渣、石灰、石灰石、碳酸钙镁 | Zn、Pb、Cu、Cd | 提升土壤 pH 增加胶体表面负电荷，促进对重金属的吸附，或形成金属沉淀 |

（续）

| 材料类型 | 材料名称 | 目标金属 | 作用机理 |
|---|---|---|---|
| 黏土矿物 | 海泡石、蛭石、坡缕石、膨润土、硅藻土、高岭土 | Pb、Cu、Zn、Cd | 矿物表面离子代换吸附、固定重金属 |
| 有机物料 | 有机堆肥、城市污泥、作物秸秆、腐殖酸、胡敏酸、富里酸 | Cu、Zn、Pb、Cd、Cr、Ni | 形成溶解度较低的大分子金属有机络合物 |
| 金属氧化物 | 零价铁、硫酸亚铁、硫酸铁、针铁矿、水合氧化锰、水钠锰矿、赤泥 | As、Pb | 矿物表面专属吸附或共沉淀来固定重金属 |
| 炭材料 | 秸秆炭、污泥炭、骨炭、黑炭、果壳炭 | Pb、Cu、Zn、Cd、As | 胶体表面功能团的配位反应、离子代换吸附来固定重金属 |
| 新材料 | 介孔材料、多酚物质、纳米材料、有机无机多孔杂化材料 | Pb、Cu、Cd | 物质表面吸附、络合及晶格内部固定重金属 |

## （1）碱性钝化稳定修复材料

碱性物质包含较广，在重金属污染土壤化学稳定化研究中应用较多的是碳酸钙、氧化钙等廉价、易得且环境友好的材料，工业石灰常被选用[43]。石灰类物质对土壤的稳定作用体现在：施用石灰能够在很大程度上改变土壤固相中的阳离子构成，使氢被钙取代，这样，土壤的阳离子代换量增加；另外，Ca 还能够改善土壤结构、增加土壤胶体凝聚性，增强在植物根表面对重金属离子的拮抗作用。特别值得关注的是农用土壤的 Cd 污染，常用化肥里含有 Cd，会通过作物进入食物链，而且 Cd 在中性土壤中仍然具有较强的移动性，Cd 污染土壤施加石灰后，土壤中水溶态 Cd 含量随石灰用量增加而急剧减少；可交换态 Cd、有机结合态 Cd 在 pH>5.5 时随石灰用量增加而急剧减少；黏土矿物和铁锰氧化物结合态 Cd 以及残渣态 Cd 随石灰用量增加而增加；当 pH>7.5 时，土壤中的 Cd 主要以铁锰氧化物结合态和残渣态等形态存在导致土壤 Cd 生物有效性（Bioavailability）显著降低，从而进一步降低作物食用部分的 Cd 含量[43,44]。石灰对 Cd 的吸附解吸能力取决于 pH 的相对变化以及土壤中的 $Ca^{2+}$ 浓度。加入其他的碱性物质，如煤灰，也可以减少植物中的 Cd 含量[41]。

石灰的施用一方面提高了土壤的 pH，降低了氢离子与重金属离子在土壤表面的吸附竞争，有利于重金属离子的稳定；另一方面，施用后土壤中所形成的碳酸盐（如碳酸钙等）对重金属离子也具有一定的吸附作用[43]。Basta 和 Tabatabai（1992）发现土壤对 $Pb^{2+}$ 的吸附量与土壤 pH 之间呈正相关关系，施入石灰后植物吸收 Pb 的量显著下降，这是因为土壤 pH 升高，Pb 吸附沉淀作用增强[45]。另外，石灰的加入引入了 $Ca^{2+}$，与 $Pb^{2+}$ 之间形成吸收竞争，从而减少了 $Pb^{2+}$ 从根部转运到地上部的数量[46]。

但是，土壤 pH 过高会降低某些营养元素的生物利用率，带来土壤的碱化，破坏土壤结构，此方法显然不适用于石灰性重金属污染农田修复；另一方面，在强碱性条件下重金属也可形成羟基络合物，如 M（OH）x$^{(2-x)}$，其移动性反而增强。

**（2）磷酸盐类稳定化修复材料**

磷酸盐化合物很容易与重金属形成难溶态沉淀产物，因此，可利用这一化学反应稳定被 Pb、Fe、Mn、Cr、Zn 污染的土壤。向土壤施加磷酸盐化合物，一方面可改善土壤缺磷状况；另一方面也可作为化学沉淀剂降低重金属的溶解度，减轻毒害。磷酸盐稳定土壤中重金属的方式包括：重金属直接吸附在磷酸盐上，磷酸盐阴离子诱导重金属吸附以及可溶性磷酸盐与重金属结合为金属磷酸盐沉淀物[41]。

含磷物质常用于稳定化修复 Pb 污染土壤，如：磷酸[47-51]、磷酸氢二铵[52]、磷酸盐[53,54]、天然磷灰石或合成磷灰石和羟基磷灰石[55,56]、磷矿石[49,54,57,58]和其他含磷物质[59]。含磷物质可通过离子交换、吸附、沉淀/共沉淀，甚至形成磷氯铅矿类矿物[Pb$_5$（PO$_4$）$_{3X}$；X＝F，Cl，Br 或 OH]等多种形式降低土壤 Pb 的移动性和生物有效性。Pb—磷酸盐沉淀矿物的溶解度极低，生物有效性较小，其在土壤中的存在对 Pb 的长期稳定极具意义[60,61]。磷酸和酸性磷酸盐可降低土壤 pH，提高土壤溶液中 Pb$^{2+}$ 的浓度，有利于磷酸盐沉淀或矿物的形成[48,62]。

向土壤中加入磷酸盐后，土壤表面电荷增加，阴离子对重金属的诱导吸附能力增强。Cd、Cu、Ni 和 Zn 等重金属都可以吸附到羟磷灰石表面[63]。土壤溶液中的重金属离子也可以与磷灰石颗粒中的 Ca$^{2+}$ 交换吸附到磷灰石表面[64]。稳定土壤中重金属的另一个主要机制是使重金属与磷酸盐形成沉淀，如土壤中的 Pb 和 Zn 可以形成金属磷酸盐化合物，而且相当稳定[65]，在很宽的 pH 范围内溶解度都很低，因此适用性非常广泛。

含磷物质是极为理想的重金属复合污染土壤稳定试剂[66]。然而，含磷物质的用量极为关键。当羟基磷灰石用量超过 5%（w/w%）就会对某些植物造成毒害[67]。此外，外源添加磷的淋失会造成土壤的酸化，进而增强 Cu、Cd 和 Zn 等重金属的活性，且有造成水体富营养化的风险；同时，在使用磷酸盐时，不能忽视其对 As 的负面影响所带来的环境风险[68,69]。

**（3）有机物料和黏土矿物**

向土壤中施入有机物质和黏土矿物，增加了土壤中的有机质含量，改善了土壤的物理化学性质、渗水性和持水量，能够在提高土壤肥力的同时，增强土壤对重金属离子的吸附能力，通过有机物质与重金属的络合、螯合作用，黏土矿物对重金属离子产生强烈的物理化学、化学吸附作用，使污染物分子失去活性，减轻土壤污染对植物和生态环境的危害，具体表现在以下几方面：

①参与土壤离子的交换反应，增加土壤阳离子交换量，提高土壤环境容量。

②稳定土壤结构，提供生物活性物质，为土壤微生物活动提供基质和能源，从而间接影响土壤重金属的行为。

③可以螯合重金属离子，有机物料的比表面积和对重金属离子的吸附能力远远超过任何其他的矿质胶体，腐殖质分解形成的腐殖酸可与土壤中重金属形成络（螯）合物降低了植物的吸收。

④有机质有促进还原作用，使重金属还原生成硫化物沉淀，也能使 $Cr^{6+}$ 还原成低毒的 $Cr^{3+}$[24,41]。

土壤黏土矿物是岩石风化至成土过程的中间产物，黏土矿物在土壤自净过程中起着至关重要的作用。Covelo 等（2007）对 6 种重金属离子在 11 种酸性土壤中的吸附解吸研究表明，重金属离子主要固定于黏土矿物（如高岭石、水铝矿和蛭石等）中[70]。土壤对 As 的吸持能力与土壤类型有关，在高黏粒含量土壤中 As 的稳定性强于沙质土壤。

生物炭施入土壤后，可以直接通过吸附作用或间接改变土壤组分和性质影响重金属在土壤中的赋存形态，从而影响重金属在土壤中的迁移性和生物有效性。通常情况下，生物炭的施入可以降低重金属在土壤中的迁移性和生物有效性[71]。Jiang 等（2012）研究了添加稻草生物质炭对土壤中 Cd、Cu 和 Pb 形态的影响，结果表明，生物质炭的添加显著降低了酸溶态的 Cu 和 Pb 的含量，提高了残渣态的含量[72]。另外，还有学者研究表明，生物炭可以通过改变土壤的氧化还原电位影响重金属在土壤中的存在形态[73]。一般情况下，在达到最佳施用量之前，随着生物炭施加量的增加，土壤 pH 也随之升高，生物炭的吸附性能随施用量的增加而提高，土壤对重金属的吸附量也有所增加；而在达到最佳施用量后，则会随着施用量的继续增加，其吸附性能降低[74,75]。

**（4）离子拮抗剂**

通过离子间的拮抗作用来降低植物对某种污染物的吸收也是经济有效的方法之一。化学性质相似的元素之间，可能会因为竞争植物根部同一吸收点位面产生离子拮抗作用，因此在修复被重金属污染的土壤时，可以考虑利用重金属元素之间的拮抗作用，减轻重金属对植物的毒性作用。如 $Ca^{2+}$ 能减轻水稻、番茄受铜的毒害；铁锰质炉渣中的铁、锰能降低土壤铜毒害；

锌和镉化学性质相似，在被镉污染的土壤，比较便利的改良措施之一便是以合适的锌/镉浓度比施入肥料，缓解镉对农作物的毒害作用[41]。硒对汞毒性具有一定的抑制作用，动物试验结果显示，每 24 h 皮下注射一次 5 μg/kg 的 $HgCl_2$，其致死作用可被同样剂量的 $NaSeO_3$ 所拮抗，可能是这两种物质在体内发生反应形成了无活性的化合物。另外，锌对汞的毒性也有明显的抑制作用，在有锌离子（$Zn^{2+}$）存在时，汞与锌所诱导的金属硫蛋白中半胱氨酸的巯基结合，使体内高分子组分中的重要基团得到保护，从而减轻汞的毒性[76]。但是，利用离子拮抗反应修复重金属的过程中，离子拮抗剂在减轻某种重金属离子毒害的同时，又使另外一种元素含量增高，可能会造成新的污染问题，需要特别加以关注。

**（5）还原稳定剂**

化学还原稳定法就是利用化学还原剂将污染物还原为难溶态，从而使污染物在土壤环境中的迁移性和生物可利用性降低。使土壤环境变为还原条件的方法，是向土壤中注射液态还原剂、气态还原剂或胶体还原剂。已有研究对几种可溶的还原剂在实验室、厌氧条件下的还原性能进行了尝试，如亚硫酸盐、硫代硫酸盐、羟胺以及 $SO_2$ 等，其中 $SO_2$ 是最有效的，其他试验过的气态还原剂有 $H_2S$，胶体还原剂有 FeO 和 $Fe^{2+}$。利用还原稳定剂修复土壤重金属污染，还原剂对重金属种类的选择特异性比较强，且当前还主要停留在实验室模拟阶段，有待进一步深入研究[41]。

含铁物质主要应用于 As 污染土壤的化学稳定化。铁氧化物、二价和三价铁盐均能有效降低土壤 As 的移动性[77-79]和生物有效性[80,81]。对降低水溶性 As 的浓度来说，铁（二价或三价）硫酸盐与石灰混合使用比单独使用零价铁（FeO）效果好；FeO 和针铁矿（$\alpha$-FeOOH）与硫酸铁混合比与硫酸亚铁混合效果好[78,79]。

### 2. 淋洗修复技术

化学淋洗技术是指借助能促进土壤环境中污染物溶解或迁移作用的溶剂，通过水力压头推动清洗液，将其注入被污染土层中，然后再把包含有污染物的液体从土层中抽提出来，进行分离和污水处理的技术。淋洗液可以是清水，也可以是包含淋洗助剂的溶液，淋洗液可以循环再生或多次注入地下水来活化剩余的污染物。土壤淋洗是处理重金属污染土壤的最有效手段之一，而且土壤淋洗技术能够处理植物修复不能达到的较深层次的重金属污染。目前，采用化学淋洗技术治理可溶性污染物所造成的土壤污染已进入实地应用阶段，在美国，超基金计划支持的污染处理地点和废弃矿区都采用这种技术来修复土壤。土壤淋洗修复是否成功，取决于污染土壤类型、污染物类型和淋洗液类型[41]。

该技术主要用于处理地下水位线以上、饱和区的吸附态污染物。此法比较适用于重度污染的轻质土壤，对于黏重的土壤则可能因淋洗速度慢、淋洗效率低等原因而较少被采用。土壤淋洗技术还会受到污染现场的特殊性质影响，如液压传导率，会影响淋洗液与污染物的接触反应以及回收井回收淋洗液的效率。

原位土壤淋洗因污染介质所处的深度不同而在技术环节上有所不同，对于处于地表或埋深较浅的污染土壤，一般通过向土壤表面缓慢洒入淋洗剂（进行向下不断渗透，在污染土壤区域周围挖一壕沟收集渗出液，然后送到污水处理厂进行处理；当污染介质处于较深处时，则主要通过注入井把淋洗剂投送到污染的介质（如含水的沉积物）中，然后在其地下水走向的下游方向把含有污染物的溶液抽提到地表（有时用地下水浸提系统"捕获"淋洗过后的溶液及其结合的污染物）进行再处理。周围设置泥浆墙或水泥墙，主要用于防止污染物从污染场地向外扩散[41]。

　　土壤淋洗所使用的淋洗剂包括酸、螯合剂、氧化还原剂、表面活性剂和助溶剂。也可以单独使用水来去除水溶性污染物，如六价铬。由于水只适用于排除溶解性大的污染物，因此高效淋洗剂的筛选和研制对于该技术的成功运用就显得尤其重要。研究表明，对于铜、镉等重金属污染土壤，酸溶液是高效的冲洗助剂；对于锌等重金属污染的土壤，碱溶液是良好的冲洗助剂。研究发现表面活性剂对土壤中微量重金属阳离子具有增溶作用和增流作用，而且表面活性剂的链越长，其效应越高。表面活性剂对土壤重金属具有解吸作用，而且当有重金属存在的情况下，表面活性剂本身在土壤上的吸附性较弱。阳离子表面活性剂通过竞争表面位点而减少蒙脱石对金属离子的吸附，但对伊利石、高岭石的吸附效应很小；加入阴离子表面活性剂可能由于节约可溶性金属—表面活性剂的沉淀而使溶液中金属的损失量增加；非离子表面活性剂的效应则随矿物与金属离子的类型不同而不同[82]。研究表明，乙二胺四乙酸（EDAT）能显著增加重金属的解吸效果，它与表面活性剂复合使用对重金属的解吸率为 Cd＞Pb＞Zn。酸性环境中阳离子型表面活性剂对重金属的去除率要高于阴离子型和非离子型，降低 pH 能提高阴离子型和非离子型的去除率[83]。

值得注意的是，由于这些冲洗助剂的应用，可能会改变土壤环境的物理和化学特性，进而影响生物修复的潜力，在使用前必须慎重考虑。在使用淋洗剂淋洗后，还应该考虑适当处理这些淋洗剂后再循环，即重新用于污染土壤的修复。

## （三）生物修复技术

生物修复是利用生物削减净化土壤中的重金属或降低重金属毒性。生物修复最常用的技术是植物修复和微生物修复。

### 1. 植物修复技术

植物修复是指利用植物减少、去除、降解或稳定环境中的污染物，从而使污染区域恢复到个人或公共使用标准。广义的植物修复技术是指利用植物来固定、吸收、提取、分解、转化、清除大气、水、土壤中的各种有机物、重金属等污染物质；而狭义的植物修复技术主要是利用超积累植物，将土壤中重金属元素大量转移到植株体内特别是地上部分，再将植物收获并进行妥善处理（如灰化回收），从而达到修复污染土壤的目的[41]。植物修复是生物修复中的一个重要手段，它利用植物自然生长或遗传培育植物来修复重金属污染土壤，重金属超积累植物是植物修复技术的关键因子。根据其作用过程和机理，又可分为植物提取、植物挥发和植物稳定三种类型[24]。涉及的主要技术包括植物间作、植物阻隔、植物萃取、植物固定等。

金属等有毒有害元素的植物修复类型

| 修复类型 | 修复目标 | 污染物介质 | 污染物 | 所用植物 |
|---|---|---|---|---|
| 植物萃取 | 提取、收集污染物 | 土壤、沉积物、污泥 | Ag、As、Cd、Co、Cr、Cu、Hg、Mn、MO、Ni、Pb、Zn、Sr、Cs、Pu、U | 印度芥菜、遏蓝菜、向日葵、杂交杨树、蜈蚣草 |
| 根际过滤 | 提取收集污染物 | 地下水、地表水 | 重金属、放射性元素 | 印度芥菜、向日葵、水葫芦 |
| 植物固定 | 污染物固定 | 土壤、沉积物、污泥 | As、Cd、Cr、Cu、Hs、Pb、Zr | 印度芥菜、向日葵 |
| 植物挥发 | 从介质中提取污染物挥发至空气中 | 地下水、土壤、沉积物、污泥 | 有机氯溶剂、As、Se、Hg | 杨树、桦树、印度芥菜 |

## （1）植物提取

植物提取指利用重金属超富集植物从土壤中吸取金属污染物，随后通过刈割地上部或移除全部植物体的方式，降低或去除土壤中重金属含量的技术。超富集植物是能超量吸收重金属并将其运移到地上部的植物。通常，超富集植物的界定可考虑以下两个主要因素：一是植物地上部富集的重金属应达到一定的量；二是植物地上部的重金属含量应高于根部[84]。

Baker 与 Brooks 于 1983 年将超富集植物定义为能够在其地上部干物质中富集锌、锰＞10 000 mg/kg，铜、钴、镍、铬、铅、砷＞1 000 mg/kg，镉＞100 mg/kg 的植物，目前已发现的重金属超富集植物有 700 多种[85]。研究表明，超富集植物体内重金属解毒及耐性机制主要涉及两个方面：一是将重金属区隔到植株或细胞的非活性部位，如蜡质层、角质层、液泡或细胞壁；二是超富集植物通过合成一系列小分子化合物实现体内镉解毒，这些小分子化合物又可分为两类，一类通过直接与镉结合来实现解毒，包括某些有机酸、氨基酸、巯基化合物和烟酰胺等，这些物质都能直接与镉结合，形成较稳定的无毒复合体，另一种则是通过保护植物体内生物活性分子的结构和功能，稳定植物体内环境来缓解镉对植物的毒性，如甜菜碱、脯氨酸等[86]。

植物提取修复可以分成两种类型：持续植物提取修复和诱导植物提取修复。持续植物提取修复是指利用自然生长或通过基因改性后的超积累植物吸收提取有害污染物的方法；而诱导植物提取修复是指在某一特定时间内向土壤中加入有效的螯合剂来促进植物吸收有害污染物质的方法[41]。植物提取技术具有成本低，能使土壤保持良好的结构和肥力状况，造成二次污染的机会较少，超积累植物灰化后，其灰分中重金属含量可提高10倍，有利于对重金属的回收利用等诸多优点。

①蜈蚣草（*Pteris vittata* L.）

凤尾蕨科凤尾蕨属多年生草本植物。分布于中国云南、贵州、广西、广东、海南及福建等省份；印度、缅甸及中南半岛都有分布。生于山坡、路旁草丛中。喜温暖潮润和半阴环境。生长适温3～9月为16～24℃，9月至翌年3月为13～16℃。冬季温度不低于8℃，但短时间能耐0℃低温。也能耐30℃以上高温。常用分株、孢子和组培繁殖。

1999年，陈同斌课题组发现了世界上第一种砷的超富集植物——蜈蚣草（*Pteris vittata* L.），其砷富集能力是普通植物的20万倍[87]。2002年2月，《砷超富集植物蜈蚣草及其对砷的富

蜈蚣草

集特征》一文在国内著名期刊《科学通报》以封面论文形式发表，被该刊评价为"推动植物修复领域迅速发展的里程碑"[88]。2001年，在国家863计划、973计划前期专项和国家自然科学基金重点项目的支持下，陈同斌带领课题组在湖南郴州建立了世界上首个砷污染土壤植物修复工程示范基地，并成功地将其用于砷污染土壤的原位修复[88,89]。在种植蜈蚣草1年之后，土壤的砷含量下降了10%，而收割的蜈蚣草叶片砷含量高达0.8%；3年后，土壤砷含量进一步下降了30%左右；修复5年后，土壤砷平均含量达到《土壤环境质量标准》（GB15618—1995）的要求，修复后农田可以安全地种植普通农作物[87]。蜈蚣草对砷的耐性是决定修复范围的一个重要因素，高耐性基因型根吸收砷的总量小于低耐性基因型，为了提高蜈蚣草植物的修复效率，在植物修复实践中应选择砷耐性相对较低的蜈蚣草基因型[90]。

②东南景天（*Sedum alfredii* Hance）

景天科景天属的多年生草本植物，别名石板菜、变叶景天。茎斜上，单生或上部有分枝，高 10～20cm。产于广西、广东、台湾、福建、贵州、四川、湖北、湖南、江西、安徽、浙江至江苏宜兴。生于海拔 1 400m 以下（在四川可达 2 000～3 000m）山坡林下阴湿石上。朝鲜、日本也有分布。

东南景天

东南景天是我国原生的锌镉超积累及铅富集植物，其对这三种重金属都具有很强的耐性和积累能力，是应用于污染土壤绿色植物修复技术的一种良好潜在材料。另外，东南景天长期生长在重金属污染的生境中，能够逐渐进化成不同的生态型，矿山生态型东南景天具有极强的锌耐性和超积累特性[91]。浙江大学杨肖娥等研究表明，东南景天的地上部锌含量高达

5 000 mg/kg，富集系数大于 1（1.25～1.94）；而营养液培养试验发现，东南景天地上部锌含量高达 19 674 mg/kg。可见，东南景天具有超富集锌的特性和功能。

东南景天对镉污染修复效率较大，能对镉超积累。华南农业大学龙新宪等研究发现，当土壤中镉含量为 12.5～50 mg/kg 时，矿山生态型东南景天的地上部在一年内（两茬）的积累量每盆可达 2～4 mg，其对土壤镉清除率达 16%～33%。但随着土壤中镉含量增加，其清除效率降低。因此，矿山生态型东南景天特别适合修复低、中度镉污染土壤。

通过采取有效的辅助栽培措施，改良土壤环境，可提高东南景天的生物产量以及地上部的重金属积累量，提高修复重金属效率。如玉米和东南景天套种，能显著降低污染土壤锌、镉的淋溶与含量；适当的氮与磷营养能提高东南景天根系发育，特别是使用硫酸铵，能提高植株对锌、镉污染的修复能力。

总之，东南景天不仅对土壤过量的锌、镉、铅具有强忍耐能力和超积累特性，并具有多年生、无性繁殖、生物量较大及适于刈割的特点。同时，它适应性强，耐瘠薄、干旱及强光等恶劣生境，观赏性强，是实施植物修复与生态绿化的优良植物。

③印度芥菜（*Brassica juncea* L.）

印度芥菜是一种高产、生长快的双二倍体十字花科植物，对镉、铬、镍、锌、铜、金、硒等多种重金属都具有较高的富集能力，印度芥菜体内存在特定的分子、生理机制和结构特征以适应高浓度的重金属环境及在体内富集有害重金属离子[92]。研究表明，液体培养的印度芥菜地上部分镉的生物富集指数（干物质中镉浓度/溶液中的镉浓度）最高可达 1 178[93]，土培的印度芥菜体内镉的累积系数可超过 1[94]，并且在一定浓度范围内印度芥菜体内的镉含量会随镉处理浓度的增加而增加[92]。苏德纯等研究了印度芥菜对石灰性土壤中难溶态镉的吸收、活化和体内累积规律。结果表明，印度芥菜能活化、吸收石灰性土壤中的难溶态镉，随着土壤中加入碳酸镉（$CdCO_3$）量的增加，印度芥菜地上部和根系中镉含量显著增加。印度芥菜吸收的镉 71%～82% 累积在地上部；在土壤中加入难溶态镉 5～40 mg/kg 条件下，印度芥菜对土壤的净化率为0.83%～1.25%[94]。

印度芥菜

④苎麻［*Boehmeria nivea*（L.）Gaudich.］

荨麻科苎麻属亚灌木或灌木植物。中国古代重要的纤维作物之一，原产于中国西南地区，较适应温带和亚热带气候。苎麻叶是蛋白质含量较高、营养丰富的饲料。麻根含有苎麻酸，有补阴、安胎、治产前产后心烦，以及治疗疮等作用。麻骨可作造纸原料、或制造可做家具和板壁等多种用途的纤维板，还可酿酒、制糖。麻壳可脱胶提取纤维，供纺织、造纸或修船填料之用。鲜麻皮上刮下的麻壳，可提取糠醛，而糠醛是化学工业的精炼溶液剂，又是树脂塑料。苎麻在南方坡耕地种植已有悠久的历史，由于其枝繁叶茂、根系发达，治理水土流失的效果显著，同时还是一种可用于开发麻纺织品的优良经济植物。

苎麻

更重要的是苎麻还对多种重金属具有较强的耐性和超富集能力。林匡飞等研究表明，土壤镉含量在 100 mg/kg 以下时对苎麻产量无影响，稻田采用苎麻改良 5 年后，土壤镉质量分数降低 27.6%，年平均降低率 5.5%[95]。龙育堂等对汞污染稻田改种苎麻和用氯化汞处理土壤盆栽苎麻试验，结果表明：土壤含汞量在 5～130 mg/kg，汞对苎麻产量和品质仍未造成显著影响，且改种苎麻后，土壤汞的年净化率高达 41%[96]。陈同斌等发现湖北石门雄黄矿尾砂坝附近，仅生长蜈蚣草和苎麻，进一步检测分析表明，苎麻地上部的砷含量大于地下的根部，符合富集型植物的特征，具有主动吸收富集土壤中砷的能力，这种特性对于修复土壤砷污染将极有价值[97]。佘玮等在湖南冷水江锑矿区研究发现，苎麻叶和花混合样中的锑（Sb）最高达到 1 103 mg/kg；苎麻体内镉含量均高于一般植物 2～10 倍，镉富集系数最高为 2.1，转运系数最高为 3；砷富集系数最高为 1.04，转运系数最高为12.42；苎麻地上部对重金属迁移能力较强，当季对锑、镉、砷迁移量分别达 796.55mg/m² 、 11.20mg/m² 和 31.34 mg/m²[98]。雷梅等在湖南柿竹园矿区调查研究发现苎麻地上部和根部铅含量分别为680 mg/kg和444 mg/kg，对铅的富集能力明显高于其他植物[99]。

⑤圆锥南芥（*Arabis paniculata* Franch.）

十字花科南芥属二年生草本植物。产于云南（洱源）、贵州（贵阳、威宁）。生于山坡林下荒地，海拔2 500～2 900m。2005年，通过野外调查和营养液培养试验表明，圆锥南芥（*Arabis paniculata* Franch.）具有超量富集铅/锌/镉的能力，是中国国内首次发现的铅/锌/镉多金属超富集植物，它的出现为重金属复合污染土壤的植物修复提供了新的种质资源[100]。

⑥大叶口井边草（*Pteris cretica* L.）

凤尾蕨科凤尾蕨属的多年生草本，高 30～70cm。生长于半阴湿的岩石及墙角石隙中。分布于云南、四川、广东、广西、湖南、江西、浙江、安徽、江苏、福建、台湾等地。

圆锥南芥

大叶口井边草

具有富集砷的特性。取样调查和化学分析结果表明，大叶井口边草地上部的平均含砷量为 418 mg/kg（干重，下同），最大含砷量可达 694 mg/kg；地下部（根）的平均含砷量为 293 mg/kg，最大含砷量 552 mg/kg。各采样点植物地上部含砷量均大于土壤砷含量，且随土壤砷含量的增加而增加，其生物富集系数为1.3～4.8[101]。

**常用超富集植物及其对应重金属积累量**

| 重金属 | 常用植物 | 重金属积累量 (mg/kg) |
|---|---|---|
| 镉（Cd） | 灯芯草（*Juncus effusus*） | 8 670 |
| | 天蓝遏蓝菜（*Thlaspi caerulescens*） | 1 800 |
| | 宝山堇菜（*Viola baoshanensis*） | 1 168 |
| 铬（Cr） | 李氏禾（*Leersia hexandra*） | 1 084～2 978 |
| 砷（As） | 蜈蚣草（*Pteris vittata*） | 3 280～4 980 |
| | 大叶井口边草（*Pteris nervosa*） | 418 |
| 铅（Pb） | 圆叶遏蓝菜（*T. rotundifolium*） | 8 200 |
| | 石竹科米努草属（*Caryophyllaceae minuartia*） | 1 000 |
| | 芸薹科（Brassi caceae） | 1 000 |
| 铜（Cu） | 海州香薷（*Elsholtzia hai-chowensis*） | 1 470 |
| 锌（Zn） | 天蓝遏蓝菜（*Thlaspi caerulescens*） | 51 600 |
| | 东南景天（*Sedum alfredii*） | 4 514 |
| 镍（Ni） | 遏蓝菜属（*Thlaspi*） | 12 400 |
| | 十字花科（*Brassieaceae*） | 7 880 |
| 锰（Mn） | 粗脉叶澳坚（*Macadamia neurophylla*） | 51 800 |
| | 商陆（*Phytolacca acinosa*） | 19299 |
| | 高山甘薯（*Ipomoea batatas*） | 12 300 |

**（2）植物固定**

植物固定（phytostabilization）是指利用植物根际的一些特

殊物质使土壤中的污染物转化为相对无害物质的一种方法。植物在重金属固定过程中主要起的作用包括：保护污染土壤不受侵蚀，减少土壤渗漏来防止金属污染物的淋移；通过在根部累积和沉淀或通过根表吸收金属来加强对污染物的固定[102]。此外，植物还可以通过改变根际环境（pH，氧化还原电位）来改变污染物的化学形态其中包括了分解、沉淀、螯合、氧化还原等多种过程。例如铅可与磷结合形成难溶的磷酸铅沉淀在植物根部，减轻铅的毒害[103]；镉（VI）可被还原为毒性较轻的镉（III）[104]。

### （3）植物挥发

植物挥发（phytovolatilization）是指利用植物根系分泌的一些特殊物质或微生物使土壤中的汞、硒元素转化为挥发形态以去除其污染的一种办法。例如烟草能使毒性大的 2 价汞转化为气态的汞，洋麻可使土壤中 47% 的 3 价硒转化为甲基硒挥发[105]。植物挥发要求被转化后的物质毒性要小于转化前的污染物质，以减轻环境危害。

### 2. 微生物修复技术

在众多土壤微生物中，与植物生长和抗逆能力密切相关的有益微生物在土壤重金属迁移转化过程中的作用受到广泛关注。其中比较突出的如菌根真菌，一方面可以通过改善植物矿质营养促进植物生长而增强植物对重金属的耐受性；另一方面还可以通过改变根际土壤中重金属化学形态或影响植物对重金属的吸收及体内分配缓解重金属毒害[30]。

### （1）解毒还原

大肠杆菌的 ArsC 或酵母的 Acr2P 可以将 As（V）还原成

As（Ⅲ），然后通过细胞膜上的 As（Ⅲ）转运蛋白如 ArsB、ArsAB 或酵母的 Acr3P 将 As（Ⅲ）排到细胞外，从而达到解毒的效果[106]。另一方面，由于 As（Ⅴ）与磷酸根化学性质相近，生物体磷转运蛋白会吸收 As（Ⅴ）进入细胞内，微生物通过将 As（Ⅴ）还原成 As（Ⅲ）并排出细胞外从而避免细胞中磷的损失[30]。

### （2）生物淋洗

化能自养硫氧化菌产酸过程的生物淋洗效应（bioleaching）被广泛应用于污泥和污染土壤中重金属的去除。如采用生物淋洗和生物沉淀两个相连的反应池，在生物淋洗反应池中添加硫氧化菌和硫黄，通过产生硫酸溶解土壤中的重金属，淋洗液进入含有硫还原菌的厌氧生物沉淀反应池，将硫酸盐还原并与重金属形成硫化物沉淀，该系统可以高效去除并回收土壤中的 Cd、Co、Cr、Cu、Ni 和 Zn 等重金属[107]。

### （3）菌根真菌

菌根真菌能促进植物对磷的吸收，进而促进植物生长，降低植物体内的砷浓度，即对砷产生"生物稀释效应"。菌根还会导致植物体内的砷向地上部的分配比例降低，进而降低地上部为可食部位的农产品中砷的含量[108]。由于植物根系吸收砷也通过磷的吸收转运系统来实现，菌根真菌侵染可能抑制植物根系高亲和磷转运系统，从而导致植物对砷吸收的减少[109]。

目前，重金属生物修复研究主要集中在利用植物与根际微生物的共同作用降解有机污染物，或者从土壤及水中去除有害重金属。与传统的化学修复、物理和工程等修复技术手段相比，应用范围广，可用于处理土壤污染、净化空气和水体、消减噪声等诸多方面；环境美学价值高，在治理污染同时，也绿化、美化了环境；对环境扰动小；有利于改善生态环境，如降低风速，控制风蚀、水蚀，减少水土流失；修复成本较低，具有潜在或显著经济效益；修复具有选择性，可针对目标污染物进行选择吸收等优点，是可靠、环境相对安全的绿色修复技术。

## （四）农艺调控修复技术

### 1. 水分管理

研究表明，不同水分条件下稻田中生产的稻米镉含量变化很大，与常规水分管理、湿润灌溉等相比，长期淹水处理的稻米镉含量显著下降[110,111]。同时，水稻根系具有较强的氧化能力，使稻田土壤中大量的 $Fe^{2+}$ 等还原性物质在根表被氧化而形铁氧化物胶膜，氧化物胶膜紧密包被在水稻根表，可发生离子的吸附与解吸反应，对重金属离子进入水稻体内起着重要的作用。随着土壤淹水程度的增加，镉由茎叶向稻米中的转移能力同步下降，因此，长期淹水是一种值得推荐的重金属污染稻田土壤水分管理模式[42]。长期淹水条件下稻田土壤中交换态和生物有效性 Cd 较低，而铁锰氧化物结合态 Cd 较高。相关研究也表明，长期淹水后，土壤交换态 Cd 占总镉的比例显著下降，而铁锰氧化物结合态 Cd 显著增加，且在酸性土壤中尤为明显[112]。同时，由于长期淹水土壤中闭蓄磷的还原分解释放，土壤有效磷高于常规管理，而磷酸根作为土壤有效磷的主要组成部分，可与土壤多种重金属形成金属磷酸盐沉淀，也是长期淹水土壤中镉残渣态较高、生物有效性较低的一个原因[113,114]。

## 2. 施肥与重金属污染修复

肥料中的主要成分可以与重金属直接相互作用，影响重金属在土壤中的存在形态及吸附强度，进而决定和控制重金属的生物有效性/毒性。无机化肥与重金属的作用主要表现在：与重金属发生沉淀作用或共吸附作用（如磷肥）；直接吸附重金属，主要以难溶性磷灰石、磷矿石为代表；肥料中的陪伴离子与重金属的相互作用，主要是阳离子 $Ca^{2+}$、$Mg^{2+}$ 和阴离子 $Cl^-$、$SO_4^{2-}$，阳离子以竞争为主，阴离子则主要形成络合离子，从而影响重金属的生物有效性[24]。

### （1）化学肥料

①氮肥

植物吸收 $NH_4^+ - N$ 时根系分泌 $H^+$，造成根际 pH 下降；吸收 $NO_3^- - N$ 时分泌 $OH^-$，造成 pH 升高。对于无机化肥而言，不同的种类常引起土壤 pH 不同的反应，进而对重金属的生物有效性产生不同的影响。因此，在中轻度重金属污染农田中，通过选择合适种类的氮肥及其用量，可以在达到增加土壤养分的同时起到修复土壤重金属污染的目的。

研究表明，不同铵态氮肥对植物吸收重金属的影响不同，且与土壤重金属溶出不一定呈正相关，其中 $NH_4HCO_3$ 和 $(NH_4)_2HPO_4$ 对土壤中 Zn 和 Cu 的溶出，$NH_4Cl$ 和 $(NH_4)_2HPO_4$ 对镉的溶出均有较大的促进作用；而 0.01 mol/L 的 $(NH_4)_2HPO_4$、$NH_4HCO_3$、$NH_4Cl$ 和 $(NH_4)_2SO_4$ 对铅的溶出有抑制作用[115]。大量铵态氮肥施入土壤后，土壤中 $NH_4^+$ 迅速增加，$NH_4^+$ 在土壤中发生硝化作用，释放 $H^+$，短期内可使土壤 pH 明显降低[116]。另外，植物吸收 $NH_4^+$ 时，根系会分泌 $H^+$，使根际周围酸化，土壤 pH 降低，从而导致作物吸镉量增加[116-119]。

②磷肥

经过不断地研究和发展，利用含磷材料对环境重金属污染进行修复，被认为是重金属污染原位修复的一种廉价、行之有效且极具应用前景的重要方法之一。目前研究结果将磷酸盐稳定重金属的反应机理主要归结为 3 类：磷酸盐诱导重金属吸附；磷酸盐与重金属生成沉淀或矿物；磷酸盐表面直接吸附重金属[120]。

目前，应用含磷材料修复土壤重金属的研究以铅居多，含磷化合物主要通过两种途径来改变土壤中铅的结合形态：一种是通过增强对铅的专性吸附，减少铅的解吸量；另一种是通过可溶性磷在土壤溶液中的"异成分溶解"作用，与土壤溶液中的铅形成稳定的磷酸盐类化合物，从而改变土壤溶液中铅的平衡状态[121]。研究发现，土壤溶液中磷灰石的溶解与羟基磷酸铅、氯磷酸铅的形成取决于溶液的 pH 变化，当 pH 2.0～5.0时，主要以沉淀反应生成氯磷酸铅；pH 6.0～7.0 时，磷灰石表面负电荷不断增加，表面吸附的铅离子阻止了磷灰石的进一步溶解，高 pH 时以表面吸附反应占主导作用[24]。

对于湖南红壤和浙江的水稻土，能有效"固定"铅进而降低对植物毒性的效果次序为羟基磷灰粉＞磷酸二氢铵＞三料过磷酸钙、磷矿粉[24,122,123]。不同磷肥均明显降低了植株茎叶中Pb、Cd、Zn、Cu 含量。修复过程中铅几乎是以纯磷酸盐形成沉淀在细胞膜表面，有效降低了 $Pb^{2+}$ 在植株体内向木质部的运输，减轻对植物的毒害。另外，施磷肥后很大程度上减少了土壤铅的可提取性，可明显降低土壤铅被吸收的风险[24]。

对于湖南红壤和北京褐土，加入磷酸盐后，污染红壤有效态镉含量显著升高 $17.0\% \sim 122.7\%$，提升顺序为 $Ca(H_2PO_4)_2 > KH_2PO_4 > NH_4H_2PO_4$；对镉污染褐土而言，$Ca(H_2PO_4)_2$ 和 $KH_2PO_4$ 可明显提高土壤有效态镉含量，而 $NH_4H_2PO_4$ 则显著降低有效态镉含量。褐土对镉的吸附能力比红壤强，随 $KH_2PO_4$ 用量的增加，红壤镉吸附量呈先增后减的峰型曲线变化，而褐土对镉的吸附量直线降低。两种土壤镉解吸量均随镉吸附量的增加而迅速增加，基本呈线性关系。磷酸盐还可显著降低褐土镉吸附量和吸附率，降低顺序为 $Ca(H_2PO_4)_2 > KH_2PO_4 > NH_4H_2PO_4$。高镉时，$Ca(H_2PO_4)_2$ 降低红壤镉解吸量比 $KH_2PO_4$ 和 $NH_4H_2PO_4$ 高得多；低镉时，$Ca(H_2PO_4)_2$ 降低红壤镉解吸率明显高于 $KH_2PO_4$ 和 $NH_4H_2PO_4$。

施用磷肥可促进土壤对重金属的吸附、降低重金属的生物有效性，因此，作物产量升高而重金属含量降低，其中以 $Ca(H_2PO_4)_2$ 的效果最明显。但是，施用磷肥控制重金属迁移和毒害时，需要考虑磷在土体内的累积、迁移和淋洗，防止导致地下水富营养化的环境风险性[24]。

③钾肥

钾离子是土壤中主要的盐基饱和离子之一，并且是影响土壤阳离子交换量的重要因素，同时还可能会影响其他元素在土壤—植物系统中的迁移。钾通过与重金属离子竞争土壤的吸附点位影响土壤重金属的吸附。钾对镉有效性的影响主要表现在：

钾与土壤胶体吸附的镉发生交换、竞争吸附，致使土壤溶液中含有更多的镉；土壤中施入钾可促进植物根系的生长，增加植物对镉的吸收；母质为高岭石的土壤上，土壤胶体对钾有很强的选择性吸附，且土壤溶液中钾浓度的增加，会提高溶液的离子强度，从而降低土壤对镉的吸附，增加镉的有效性[124-127]。

另一方面，不同形式钾肥也对污染土壤中重金属的活性及植物吸收重金属的影响不同，这主要是由于伴随阴离子的作用，阴离子通过影响土壤的表面性质进而改变重金属的有效性[128]。阴离子在土壤中主要的化学反应为吸附—解吸过程，按吸附机理或强度可分为：专性吸附离子（如 $H_2PO_4^-$）；非专性吸附离子（如 $Cl^-$ 和 $NO_3^-$）；以及介于二者之间的离子（如 $SO_4^{2-}$）。现有研究已在 $KCl$ 肥上达成了共识，认为其增加了铅、镉的有效态含量。$Cl^-$ 具有很强的配位能力，依据溶液中 $Cl^-$ 的不同浓度可与 $Cd^{2+}$ 形成 $CdCl^+$，$CdCl_2$，$CdCl_3^-$ 和 $CdCl_4^{2-}$ 等一系列配合物。由于 $CdCl^+$ 比 $Cd^{2+}$ 更不易被土壤胶体吸附，因此 $Cl^-$ 的存在可以使土壤中离子态镉浓度增加，进而提高镉的生物有效性[129,130]。而当外源 $NO_3^-$ 进入土壤后，从根际环境看，当植物吸收 $NO_3^-$ 后，植物分泌 $OH^-$，造成根际 pH 升高，进而增加土壤胶体表面负电荷对 $Cd^{2+}$ 的吸附，从而降低镉的生物有效性[24]。在低铅污染时，施用 $KH_2PO_4$ 和 $K_2SO_4$ 可降低水溶交换态和碳酸盐结合态；高铅污染下，$KH_2PO_4$ 仍可使土壤中水溶性交换态和碳酸盐结合态铅显著降低[131,132]。

综上所述，$KCl$ 可促进植株对镉、铅的吸收，故可将 $KCl$ 肥与超积累植物联合应用于镉、铅污染土壤以提高重金属的提取效率。$KH_2PO_4$ 是污染土壤重金属钝化最好的调控剂，在镉、铅污染土壤上施用钾肥可优先选择 $KH_2PO_4$[24]。

**（2）有机肥**

农业生产中应用的有机肥有粪肥、厩肥、绿肥和秸秆等，有机肥不但可以改善土壤质量，为植物提供养分，还可以在一定程度上降低重金属离子的危害。有机肥中含有大量腐殖物质（带有羧基、羟基、氨基、羰基等官能团，拥有巨大的比表面积），可直接对重金属产生强表面络合或包裹作用，从而使其老化[24]。另一方面，有机物料增加了土壤有机质含量，有机质中的主要官能团羟基和羧基以及矿物表面羟基与 $OH^-$ 发生反应促使其带负电荷，同时黏土矿物表面羟基与 $OH^-$ 发生反应，造成土壤表面的可变负电荷增加，从而促进土壤胶体对重金属离子的吸附，并降低吸附态重金属的解吸量。再者，有机物料中的 —SH 和 —$NH_2$ 等基团及腐殖酸中的胡敏酸、胡敏素等可络合污染土壤中的重金属离子并形成难溶的络合物或螯合物[133]。

但是，有机物料在土壤中易分解形成有机酸类物质，降低土壤 pH，从而增加重金属的有效性，促进植物对重金属的吸收。而且近些年由于不当施用有机肥而造成的土壤重金属污染问题也很突出，尤其以猪粪和鸡粪为原料的有机肥，由于在畜禽养殖过程中饲料及其添加剂中含有重金属元素（如砷、镉、铅等），造成产生的动物粪便中已富集了大量的重金属，而经过有机肥生产过程进一步浓缩，使得生产出的不合格有机肥中含有的重金属则更多，加之有机肥肥效较缓，农业生产者为追求产量最大化，实际生产中施用的有机肥量往往比合理用量高出几倍甚至十几倍，由此带入土壤的重金属就会常年累积。同时，有机肥中常常还含有大量微生物和其他成分不明的复杂物质，由此带来的环境和生态风险也应引起高度重视。

**(3) 微量元素肥料**

硅（Si）通过促进植物光合作用，提高植物保水能力，增加产量，促进离子的平衡吸收，维持膜结构和功能的稳定性等途径来增强植物抵抗重金属的毒害。研究发现，施硅减少了镉向水稻地上部的运转，进而使糙米中的镉含量相对降低，可能是因为水稻根细胞质外体中氧化硅与重金属镉共沉淀，从而增加了镉在根部的累积，而减少了镉向水稻茎叶和稻米中的转移[134-136]。同时，钝化修复剂结合叶面硅肥的使用，可以减少钝化剂施用量，降低修复成本[42]。硅对作物抗重金属胁迫的积极作用可能与形成硅—金属复合物有关，是近年来的一个国际研究热点。人们利用电子能量损失谱（EELS）、核磁共振（NMR）等技术鉴定出硅与铜、锌结合的重金属硅酸盐沉淀[137]。

硒（Se）是生物体多种酶和蛋白质的主要组成成分，参与多种生物代谢过程，具有延缓衰老、防癌抗癌、增强机体免疫力等生理功能，对砷、汞、铬、铅、银等有毒重金属元素具有天然的拮抗作用[138]。硒是谷胱甘肽过氧化物酶（GSH-Px）的组成成分，可通过清除植物体内过量自由基，增强植物的抗逆能力，缓解重金属毒害对植物的胁迫损伤。随着近年来土壤重金属污染的日益严重，硒缓解植物重金属胁迫的研究得到了越来越多的关注，也是硒与植物逆境生物学研究最为活跃的领域[139]。硒缓解植物重金属毒害的机制主要表现在：

①与重金属结合成难溶性沉淀物质，或改变重金属形态[140,141]，减少植物体对重金属的摄入或阻断其转运过程[142]，

降低细胞内可移动重金属离子的浓度[143]。研究发现，硒可显著抑制大蒜对汞的吸收、转运和蓄积，加硒后大蒜表皮和维管组织中汞的蓄积量显著减少，大蒜各组织中无机汞的含量显著降低，根部还可检测到类似 HgSe 结合形式的汞硒化合物[144]。

②参与植物螯合肽酶活性的调控，促进重金属螯合蛋白的形成，进而缓解重金属对植物体的胁迫[139]。研究发现硒能抑制砷从植物地下部向地上部的转运[145]。

③通过直接或间接调节抗氧化剂活性来控制和清除胞内 ROS（汉语全称），减少重金属诱导产生的自由基对植物体的攻击，减轻重金属对植物体内抗氧化酶的抑制作用[139]。

与有机肥一样，向土壤中添加微量元素肥料也应注意考虑由此给原本土体和生态环境带来的风险问题，应经过较长时间的模拟监测试验，确定确无环境和生态风险后才能适度适量进行推广。

# 六、
# 几类典型重金属污染区的
# 农田修复治理技术

## 1. 湖南省镉污染稻田修复治理技术

2014 年 4 月，湖南省启动长株潭耕地重金属污染修复及农作物种植结构调整试点，这是唯一一个由农业部、财政部批复的国家级试点，该试点推广的"VIP＋n 模式"，即采用镉低积累水稻品种（variety）、合理灌溉（irrigation）、施用石灰等调节土壤酸度（pH），即通过改良稻田灌溉模式，调节土壤酸碱度，并在此基础上配合施用微生物菌剂，从而实现镉污染稻田边生产、边修复治理和有效降低米镉含量的目标。对于稻米镉含量超过 0.4 mg/kg 的耕地，土壤镉含量在 1 mg/kg 以下的列为管控专产区，探索污染稻谷安全管控模式；土壤镉含量在 1 mg/kg 以上的列为替代种植区，实行农作物种植结构调整，原则上不再种植直接食用镉超标的农作物。根据 2014 年湖南省农业委员会重点工作完成情况公示，试点第一年，三个区域早稻的达标比例分别提高了 53.1%、44.8%、20.3%，米镉含量平均降低 30% 左右，修复取得明显效果。

2016 年，湖南省唯一一个连片 1 万亩的"VIP＋n"重金属修复治理技术模式标准化示范项目在湘乡市东郊乡实施，采取全面种植镉低积累品种两优 819（V）、淹水灌溉（I）、施用石灰调节酸碱度（P）的水稻降镉生产技术组合模式，并配套施用土壤调理剂、喷施叶面阻控剂、深耕稀释土壤重金属浓度等6项措施，结合集中育秧、病虫害专业化统防统治的"6＋2"模式，开展重金属修复治理示范。

湖南省株洲市茶陵县重金属污染耕地修复
治理项目"VIP"技术试点

湖南省湘乡市"VIP＋n"重金属修复
治理技术模式标准化示范项目

## 2. 广西环江砷污染农田修复治理技术

2001年6月，环江县遭受百年一遇的特大暴雨袭击，造成山洪暴发，大环江河上游选矿企业的尾矿库被洪水冲垮，导致环江沿岸上万亩耕地土壤受到重金属污染，成为广西近年来最突出的重大环境问题，威胁两岸 20 万居民的农产品安全和人体健康，重影响当地社会稳定和经济发展。

在科技部、中国科学院和国家自然科学基金委等部门的连续支持下，中国科学院地理科学与资源研究所环境修复中心从 2005 年开始针对环江县土壤污染的特点，研发土壤修复技术，建立了植物萃取、超富集植物与经济植物间作、植物阻隔和重金属钝化等修复技术。2010 年，在环保部、财政部和广西环保厅的支持下，环江县人民政府以中科院地理资源所技术为依托，组织实施了"大环江河流域土壤重金属污染治理工程项目"。通过 2 年的工程实施，项目修复了重金属污染农田 1 280 亩，涉及 3 个乡镇 7 个村。该工程是广西壮族自治区第一个土壤修复工程，也是目前国内面积最大的土壤修复工程。

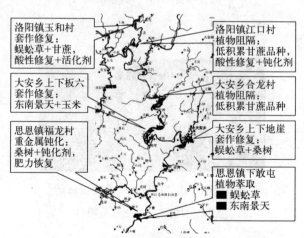

"大环江河流域土壤重金属污染治理工程项目"

技术布局图

该项目构建了完整的土壤修复产业链，建立了农业安全生产模式，摸索出了以植物修复技术为主导、以"地方政府主导、科研单位技术支撑、农民主动参与"的环江农田土壤修复工程模式。经过第三方监理机构广西环境监测中心站采取5 000多个样点、3万多样次的重金属分析和跟踪监测，证实该项目达到预期目标，取得显著土壤修复成效：修复技术实施的区域抽检的农产品重金属含量均低于相关的限量标准，在植物萃取修复区域，土壤中镉和砷的含量平均每年降低10%。

广西环江砷污染农田土壤修复工程

### 3. 地球化学工程技术

地球化学工程学的概念在本世纪初开始引入国内，其原理是应用地球化学知识，通过人工制造的某些地球化学作用或利用地球化学原理制造的产品实现环境污染治理与管理的途径、方法和技术。

地球化学工程技术用于修复重金属污染土壤有三大优势：一是可以根据不同的土壤条件和污染物质，选择不同的非金属矿物材料；其次有些非金属矿物自身的重金属含量微乎其微，进入土壤后可以在自然条件下与土壤中的组分结合，不会对环境造成二次污染，可以认为是一种清洁材料；第三，由于非金

土壤重金属地球化学修复材料筛选

属矿物价格低，低成本的修复剂具有天然的优势。

国家地质实验测试中心依据地球化学原理，充分利用地质体或自然介质的作用，通过对修复材料、修复工艺和控制技术中的关键问题的研究，建立具有对重金属元素有特征吸附、固定、隔离作用的地球化学障，阻断污染元素向生态链的运移，从而保障农作物的健康。这也说明，改善土壤环境质量不一定非要把重金属元素等"毒素"运移出来，只要把它们固化在土壤内，阻止它们进入食物链，就能保障人们的餐桌安全。

国家地质实验测试中心选择工业污染严重的湖南株洲某地作为研究区，开展了水土重金属污染的地球化学—生物联合技术研究。研究使用不同黏土矿物和微生物修复材料同时修复土壤中重金属污染的效果。同时开展了地球化学—微生物法处理工业废水中锰和镉的修复技术研究，综合地球化学工程技术和生物的优势，达到修复的最佳效果和最低能耗的综合治理目的。

在土壤修复试验中,采用地球化学工程—生物技术——添加矿物和微生物,阻隔土壤中的铅、汞、砷进入生物链,使修复土壤上生长蔬菜中的三种重金属含量全部达到了《食品中污染物限量》标准,修复效果显著,镉的修复率达到了 38.71%,可有效降低重金属高污染区人体暴露的风险,为从根本上解决"镉米"等有毒农产品泛滥的社会问题提供了技术支持的可能。

"沙漠沙丘系统"是以地球化学工程学原理为指导的特殊水处理系统。该系统利用沙漠沙作为滤料,通过机械过滤、化学作用和生物作用净化污染水,一方面可使沙丘变得湿润而不再移动,以固定移动沙漠;另一方面又能净化污染水,最终起到"以害克害、固沙治水、一举多得"的良好综合生态环境效应。"沙漠沙丘系统"是一种绿色的水处理系统,所需的原料和生成物都属于自然界存在的物质,无二次污染的发生。该系统可以把官厅水库水由五类和超五类处理成二、三类水。其原理同样适用于水—土重金属的"断源、截流和末端治理"综合修复。

### 4. 京津冀地区石灰性镉污染农田修复治理技术

当前农业土壤镉污染修复普遍采用原位固化修复技术,南方酸性水稻土镉污染修复大多采用以石灰石为代表的碱性固化剂,主要是通过提高土壤溶液 pH,采用沉淀法降低土壤中有效镉的含量,从而达到减少农作物重金属吸收量的目的。但是,土壤 pH 过高会降低某些营养素生物利用率,带来土壤的碱化,破坏土壤结构,此方法显然不适用于京津冀地区石灰性镉污染农田修复;另一方面,在强碱性条件下重金属亦可形成羟基络合物,如 $M(OH)x^{(2-x)}$,其移动性反而增强。

北京市农林科学院农业资源与环境中心将改性钙镁基膨润土与常用土壤改良剂材料（腐殖酸、松土促根剂、钙蛋白、微生物菌剂等）进行合理组配，应用于河北省保定市石灰性镉污染土壤修复，稍微补充完善。在同一修复期内既降低了土壤中目标重金属的有效性，减少了农作物的吸收，又抑制了农作物可食部位目标重金属的积累，同时提升了土壤质量，真正做到了"优产、稳产"，从而为北京乃至京津冀地区盐碱性重金属污染区域农业土壤环境修复及农产品安全生产提供了一种新的科学技术途径，具有良好的应用前景。

# 附录1  土壤环境质量标准

## （GB 15618—1995）（部分）

为贯彻《中华人民共和国环境保护法》，防止土壤污染，保护生态环境，保障农林生产、维护人体健康，制定本标准。

**1. 主题内容与适用范围**

1.1  主题内容

本标准按土壤应用功能、保护目标和土壤主要性质，规定了土壤中污染物的最高允许浓度指标值及相应的监测方法。

1.2  适用范围

本标准适用于农田、蔬菜地、茶园、果园、牧场、林地、自然保护区等地的土壤。

**2. 术语**

2.1  土壤  指地球陆地表面能够生长绿色植物的疏松层。

2.2  土壤阳离子交换量  指带负电荷的土壤胶体，借静电引力而对溶液中的阳离子所吸附的数量，以每千克干土所含全部代换性阳离子的厘摩尔（按一价离子计）数表示。

**3. 土壤环境质量分类和标准分级**

3.1  土壤环境质量分类

根据土壤应用功能和保护目标，划分为三类：

Ⅰ类主要适用于国家规定的自然保护区（原有背景重金属含量高的除外）、集中式生活饮用水源地、茶园、牧场和其他保护地区的土壤，土壤质量基本上保持自然背景水平；

Ⅱ类主要适用于一般农田、蔬菜地、茶园、果园、牧场等土壤，土壤质量基本上对植物和环境不造成危害和污染；

Ⅲ类主要适用于林地土壤及污染物容量较大的高背景值土壤和矿产附近等地的农田土壤（蔬菜地除外）。土壤质量基本上对植物和环境不造成危害和污染。

3.2 标准分级

一级标准：为保护区域自然生态，维持自然背景的土壤环境质量的限制值；

二级标准：为保障农业生产，维护人体健康的土壤限制值；

三级标准：为保障农林业生产和植物正常生长的土壤临界值。

3.3 各类土壤环境质量执行标准的级别规定如下：

Ⅰ类土壤环境质量执行一级标准；

Ⅱ类土壤环境质量执行二级标准；

Ⅲ类土壤环境质量执行三级标准。

**4. 标准值**

本标准规定的三级标准值，见下表。

**土壤环境质量标准值**

| 级别<br>项目 | 一级<br>自然背景 | 二级 | | | 三级 |
|---|---|---|---|---|---|
| | | 土壤<br>pH<6.5 | 土壤<br>pH 6.5～7.5 | 土壤<br>pH>7.5 | 土壤<br>pH>6.5 |
| 镉　　≤ | 0.20 | 0.30 | 0.30 | 0.6 | 1.0 |
| 汞　　≤ | 0.15 | 0.30 | 0.50 | 1.0 | 1.5 |
| 砷　水田　≤ | 15 | 30 | 25 | 20 | 30 |
| 　　旱地　≤ | 15 | 40 | 30 | 25 | 40 |

| 项目\级别 | 一级 | 二级 | | | 三级 |
| --- | --- | --- | --- | --- | --- |
| | 自然背景 | 土壤 pH＜6.5 | 土壤 pH 6.5～7.5 | 土壤 pH＞7.5 | 土壤 pH＞6.5 |
| 铜 农田等 ≤ | 35 | 50 | 100 | 100 | 400 |
| 果园 ≤ | — | 150 | 200 | 200 | 400 |
| 铅 ≤ | 35 | 250 | 300 | 350 | 500 |
| 铬 水田 ≤ | 90 | 250 | 300 | 350 | 400 |
| 旱地 ≤ | 90 | 150 | 200 | 250 | 300 |
| 锌 ≤ | 100 | 200 | 250 | 300 | 500 |
| 镍 ≤ | 40 | 40 | 50 | 60 | 200 |
| 六六六 ≤ | 0.05 | 0.50 | | | 1.0 |
| 滴滴涕 ≤ | 0.05 | 0.50 | | | 1.0 |

注：①重金属（铬主要是三价）和砷均按元素量计，适用于阳离子交换量
＞5cmol（＋）/kg的土壤，若≤5cmol（＋）/kg，其标准值为表内数值的半数；
②六六六为四种异构体总量，滴滴涕为四种衍生物总量；③水旱轮作地的土壤环境
质量标准，砷采用水田值，铬采用旱地值。

# 附录 2  全国土壤污染状况调查公报

（2014 年 4 月 17 日）

**环境保护部  国土资源部**

根据国务院决定，2005 年 4 月至 2013 年 12 月，我国开展了首次全国土壤污染状况调查。调查范围为中华人民共和国境内（未含香港特别行政区、澳门特别行政区和台湾地区）的陆地国土，调查点位覆盖全部耕地，部分林地、草地、未利用地和建设用地，实际调查面积约 630 万平方公里。调查采用统一的方法、标准，基本掌握了全国土壤环境质量的总体状况。

现将主要数据成果公布如下：

## 一、总体情况

全国土壤环境状况总体不容乐观，部分地区土壤污染较重，耕地土壤环境质量堪忧，工矿业废弃地土壤环境问题突出。工矿业、农业等人为活动以及土壤环境背景值高是造成土壤污染或超标的主要原因。

全国土壤总的超标率为 16.1%，其中轻微、轻度、中度和重度污染点位比例分别为 11.2%、2.3%、1.5% 和 1.1%。污染类型以无机型为主，有机型次之，复合型污染比重较小，无机污染物超标点位数占全部超标点位的 82.8%。

从污染分布情况看，南方土壤污染重于北方；长江三角洲、珠江三角洲、东北老工业基地等部分区域土壤污染问题较为突出，西南、中南地区土壤重金属超标范围较大；镉、汞、砷、铅4种无机污染物含量分布呈现从西北到东南、从东北到西南方向逐渐升高的态势。

## 二、污染物超标情况

### （一）无机污染物

镉、汞、砷、铜、铅、铬、锌、镍8种无机污染物点位超标率分别为7.0%、1.6%、2.7%、2.1%、1.5%、1.1%、0.9%、4.8%。

**无机污染物超标情况**

| 污染物类型 | 点位超标率（%） | 不同程度污染点位比例（%） | | | |
|---|---|---|---|---|---|
| | | 轻微 | 轻度 | 中度 | 重度 |
| 镉 | 7.0 | 5.2 | 0.8 | 0.5 | 0.5 |
| 汞 | 1.6 | 1.2 | 0.2 | 0.1 | 0.1 |
| 砷 | 2.7 | 2.0 | 0.4 | 0.2 | 0.1 |
| 铜 | 2.1 | 1.6 | 0.3 | 0.15 | 0.05 |
| 铅 | 1.5 | 1.1 | 0.2 | 0.1 | 0.1 |
| 铬 | 1.1 | 0.9 | 0.15 | 0.04 | 0.01 |
| 锌 | 0.9 | 0.75 | 0.08 | 0.05 | 0.02 |
| 镍 | 4.8 | 3.9 | 0.5 | 0.3 | 0.1 |

### （二）有机污染物

六六六、滴滴涕、多环芳烃3类有机污染物点位超标率分别为0.5%、1.9%、1.4%。

**有机污染物超标情况**

| 污染物类型 | 点位超标率（%） | 不同程度污染点位比例（%） | | | |
|---|---|---|---|---|---|
| | | 轻微 | 轻度 | 中度 | 重度 |
| 六六六 | 0.5 | 0.3 | 0.1 | 0.06 | 0.04 |
| 滴滴涕 | 1.9 | 1.1 | 0.3 | 0.25 | 0.25 |
| 多环芳烃 | 1.4 | 0.8 | 0.2 | 0.2 | 0.2 |

## 三、不同土地利用类型土壤的环境质量状况

耕地：土壤点位超标率为19.4%，其中轻微、轻度、中度和重度污染点位比例分别为13.7%、2.8%、1.8%和1.1%，主要污染物为镉、镍、铜、砷、汞、铅、滴滴涕和多环芳烃。

林地：土壤点位超标率为10.0%，其中轻微、轻度、中度和重度污染点位比例分别为5.9%、1.6%、1.2%和1.3%，主要污染物为砷、镉、六六六和滴滴涕。

草地：土壤点位超标率为10.4%，其中轻微、轻度、中度和重度污染点位比例分别为7.6%、1.2%、0.9%和0.7%，主要污染物为镍、镉和砷。

未利用地：土壤点位超标率为11.4%，其中轻微、轻度、中度和重度污染点位比例分别为8.4%、1.1%、0.9%和1.0%，主要污染物为镍和镉。

## 四、典型地块及其周边土壤污染状况

### （一）重污染企业用地

在调查的690家重污染企业用地及周边的5 846个土壤点位中，超标点位占36.3%，主要涉及黑色金属、有色金属、皮革

制品、造纸、石油煤炭、化工医药、化纤橡塑、矿物制品、金属制品、电力等行业。

### （二）工业废弃地

在调查的81块工业废弃地的775个土壤点位中，超标点位占34.9％，主要污染物为锌、汞、铅、铬、砷和多环芳烃，主要涉及化工业、矿业、冶金业等行业。

### （三）工业园区

在调查的146家工业园区的2 523个土壤点位中，超标点位占29.4％。其中，金属冶炼类工业园区及其周边土壤主要污染物为镉、铅、铜、砷和锌，化工类园区及周边土壤的主要污染物为多环芳烃。

### （四）固体废物集中处理处置场地

在调查的188处固体废物处理处置场地的1 351个土壤点位中，超标点位占21.3％，以无机污染为主，垃圾焚烧和填埋场有机污染严重。

### （五）采油区

在调查的13个采油区的494个土壤点位中，超标点位占23.6％，主要污染物为石油烃和多环芳烃。

### （六）采矿区

在调查的70个矿区的1 672个土壤点位中，超标点位占33.4％，主要污染物为镉、铅、砷和多环芳烃。有色金属矿区周边土壤镉、砷、铅等污染较为严重。

### （七）污水灌溉区

在调查的55个污水灌溉区中，有39个存在土壤污染。在1 378个土壤点位中，超标点位占26.4％，主要污染物为镉、砷和多环芳烃。

## （八）干线公路两侧

在调查的 267 条干线公路两侧的 1 578 个土壤点位中，超标点位占 20.3%，主要污染物为铅、锌、砷和多环芳烃，一般集中在公路两侧 150 米范围内。

**注释：**

[1] 本公报中点位超标率是指土壤超标点位的数量占调查点位总数量的比例。

[2] 本次调查土壤污染程度分为 5 级：污染物含量未超过评价标准的，为无污染；在 1～2 倍（含）的，为轻微污染；2～3 倍（含）的，为轻度污染；3～5 倍（含）的，为中度污染；5 倍以上的，为重度污染。

# 附录 3　设施菜地重金属污染钝化
# 修复技术指南

## 一、适用范围

本指南规定了采用化学或生物方法原位钝化设施菜地土壤重金属污染的技术要求，适用于受镉、砷、铅、铬等重金属污染的设施菜地土壤的修复治理。

## 二、术语和定义

（1）中轻度污染：土壤中污染物含量不超过土壤污染调查相关评价标准5倍的。

（2）重金属钝化剂：是指施用于土壤，通过物理化学生物作用，能够降低土壤重金属有效性的物质。

## 三、适用条件

（1）本化学或生物钝化重金属技术适用于中轻度重金属污染设施菜地土壤。

（2）重金属污染土壤钝化技术产品作用设施菜地土壤深度一般为0～20 cm耕作层。

## 四、要求

### （一）因地制宜

根据土壤污染特征、治理目标、治理周期、修复成本、钝化剂的易获得性、地理条件和农民参与情况等，选择适用的钝化剂类型产品及其配套农艺措施。

### （二）治理目标

治理过程中应避免对土体构型的过度扰动，保持耕地土壤原有物理、化学和生物学性质基本稳定，不打破原有土壤结构和理化性质的平衡，基本不影响设施蔬菜的正常生产。

### （三）保障安全

治理过程应避免产生二次污染，修复后土壤重金属含量低于《温室蔬菜产地环境质量评价标准》（HJ 333—2006）中的相关限值，相应蔬菜产品达到国家相应无公害食品标准要求。

## 五、钝化剂产品的使用方法原则

### （一）钝化剂使用量

选用面积为 $S$（$m^2$）的土地作为施工对象，测出该地的土壤深度为 $h$（m），土壤的平均比重为 $\omega$，根据以下公式确定土壤的重量 $W$（t）。$W = S \times h \times \omega$。按照土壤重量比的 $0.3\% \sim 0.5\%$ 投加土壤修复剂，即土壤修复剂的重量为：$W_2 = W_1 \times (0.3\% \sim 0.5\%)$。

### （二）钝化剂使用的方法

（1）将重量为 $W_2$ 的土壤修复剂均匀地播撒在待治理的耕地上。

（2）播撒完毕后，利用旋耕机将撒有药剂的耕地至少搅拌两次，可以边播撒边搅拌以缩短操作时间。

（3）土地搅拌后 $2 \sim 3$ 天，用农业用水灌溉耕地。

## 六、作物种植与管理

### （一）作物种植

同未使用钝化耕地作物种植方法。

### （二）管理

（1）同未使用钝化耕地种植作物管理方法，根据需要采用低毒低残留农药防治病虫草害，按照农作物种植一般要求，进行科学水、肥管理。

（2）作物生产关键时期，测定植物生长特性指标，及时掌握种植作物生长情况，出现异常情况，及时采取对应管理措施。

## 七、效果评估与处置

采集作物生长关键时期及收获时土壤与蔬菜样品，测定目标重金属土壤全量及有效态含量以及蔬菜中目标重金属含量，科学评估，达不到食品中污染物限量、饲料卫生、生态纺织品等相关标准要求的，应按国家有关规定处置。

# 附录4　设施菜地土壤重金属修复治理技术规程

## 一、待修复地土壤质量调查

监测土壤样品采集前，认真调查了解待修复地土壤前茬种植作物种类及施肥管理措施等信息，待前茬作物收割完毕后，根据实际调查结果，按照《温室蔬菜产地环境质量评价标准》（HJ 333—2006）中的操作技术规范进行调查取样与评价，通过科学合理的调查与评价，从而确定该地主要污染物类型、种类以及土壤样品基础理化性质参数。

## 二、实验室修复预实验

选取待修复地土壤样品，通过分析基础理化性质及污染物特征数据，确定修复剂种类及预实验浓度梯度范围，提出预处理试验设计方案，进行实验室修复剂预处理试验，重点关注混配不同浓度的修复剂后对土壤样品 pH、EC 的影响、目标重金属有效态含量的影响以及植物发芽率的影响。

## 三、修复地小区筛选试验

通过实验室预处理，确定几个较优的修复剂配方，按照以下修复剂混配方案进行实地小区修复效果筛选试验：

### 1. 土壤重量的计算方法

选用面积为 $S$（$m^2$）的土地作为施工对象，测出该地的土

壤深度为 $h$（m），土壤的平均比重（土粒密度）为 $\omega$，根据以下公式确定土壤的重量 $W$（t）。

$$W_1 = S \times h \times \omega \quad (2.65)$$

## 2. 药剂和设备

| 名　　称 | 规　　格 |
| --- | --- |
| 土壤修复剂 | 每袋 1 000 kg |
| 水 | 农业用水 |
| 播撒机 | 1 台 |
| 搅拌机 | 1 台 |

## 3. 使用方法

（1）使用量

以本实验中较优处理为例，按照土壤重量比的 0.3% 投加土壤修复剂，即土壤修复剂的重量为 $W_2$（t）：$W_2 = W \times 0.3\%$。

每亩施用量：667 m$^2$ × 0.2 m × 2.65 g/cm$^3$ × 0.3% = 1.06 × 10$^4$ kg。

（2）投加方法。

①现场用叉车将重量为 $W_2$ 的土壤修复剂吊至播撒机内，将土壤修复剂均等的播撒在待修复的土地上。

②播撒完毕后，利用搅拌机将撒有药剂的土地至少搅拌两次，可以边播撒边搅拌以缩短操作时间。

③土地搅拌后 2~3 天，用农业用水灌溉土地至饱和（含水量 40% 左右），平整土地。

④正常植物栽培管理操作，通过测定产量及作物品质指标，确定最佳修复处理配方。

## 四、修复区中试试验

通过小区筛选试验，确定最佳修复剂混配配方及配施方案，在待修复地进行较大面积的中试试验，可适当延长生长周期，以确定修复效果的稳定性。

# 参 考 文 献

[1] Cheng S. Heavy metal pollution in China: origin, pattern and control [J]. Environmental Science and Pollution Research, 2003, 10 (3): 192.

[2] Cui D J, Zhang Y L. Current Situation of Soil Contamination by Heavy Metals and Research Advances on the Remediation Techniques [J]. Chinese Journal of Soil Science, 2004.

[3] Liu R L, Shu Tian L I, Wang X B, et al. Contents of Heavy Metal in Commercial Organic Fertilizers and Organic Wastes [J]. Journal of Agroenvironmental Science, 2005, 24 (2): 392-397.

[4] 曾希柏，苏世鸣，马世铭，等. 我国农田生态系统重金属的循环与调控 [J]. 应用生态学报，2010, 21 (9): 2418-2426.

[5] 陈怀满. 环境土壤学 [M]. 北京：科学出版社，2010.

[6] 王金贵. 我国典型农田土壤中重金属镉的吸附—解吸特征研究 [D]. 杨陵：西北农林科技大学，2012.

[7] Chao L, Zhou Q, Chen S, et al. Speciation distribution of lead and zinc in soil profiles of the Shenyang smeltery in Northeast China [J]. Bulletin of Environmental Contamination and Toxicology, 2006, 77 (6): 874-881.

[8] Liang Y Q, Pan W, Liu T T, et al. Speciation of Heavy Metals in Soil From Zhangshi Soil of Shenyang Contaminated by Industrial Wastewater [J]. Environmental Science & Management, 2006, 31 (2): 43-45.

[9] Khan S, Cao Q, Zheng Y M, et al. Health risks of heavy metals in contaminated soils and food crops irrigated with wastewater in Beijing,

China [J]. Environmental Pollution，2008，152（3）：686‐692.

[10] Raicevic S，Kaludjerovicradoicic T，Zouboulis A I. In situ stabilization of toxic metals in polluted soils using phosphates：theoretical prediction and experimental verification. ［J］. Journal of Hazardous Materials，2005，117（1）：41‐53.

[11] Madrid F，Romero A S，Madrid L，et al. Reduction of availability of trace metals in urban soils using inorganic amendments [J]. Environmental Geochemistry and Health，2006，28（4）：365‐373.

[12] 中华人民共和国卫生部. GB 2762—2012 食品中污染物限量 ［S］. 中国标准出版社，2012.

[13] 国家环境保护总局. HJ/T 166—2004 土壤环境监测技术规范 ［S］. 中国环境出版社，2004.

[14] Tessier A，Campbell P G C，Bisson M. Sequential extraction procedure for the speciation of particulate trace metals ［J］. Analytical Chemistry，1979，51（7）：844‐851.

[15] Temminghoff E J M，Van Der Zee S E A T，Haan F A M D. Speciation and calcium competition effects on cadmium sorption by sandy soil at various pHs ［J］. European Journal of Soil Science，2005，46（4）：649‐655.

[16] Foerstner U，Wittmann G T W，Prosi F，et al. Metal Pollution in the Aquatic Environment [J]. Springer Study Edition，1979，12（5）：163‐168.

[17] 吴新民，潘根兴. 影响城市土壤重金属污染因子的关联度分析 ［J］. 土壤学报，2003，40（6）：921‐928.

[18] 郑顺安. 我国典型农田土壤中重金属的转化与迁移特征研究 ［D］. 杭州：浙江大学，2010.

[19] 胡文. 土壤—植物系统中重金属的生物有效性及其影响因素的研究

［D］. 北京：北京林业大学，2008.

［20］ Boekhold A E，Temminghoff E J M，Van der ZEE S E A T. Influence of electrolyte composition and pH on cadmium sorption by an acid sandy soil［J］. European Journal of Soil Science，1993，44（1）：85–96.

［21］ 廖敏，黄昌勇，谢正苗. pH 对镉在土水系统中的迁移和形态的影响［J］. 环境科学学报，1999（1）：83–88.

［22］ 杜彩艳，祖艳群，李元. pH 和有机质对土壤中镉和锌生物有效性影响研究［J］. 云南农业大学学报自然科学，2005，20（4）：539–543.

［23］ Wang Q，Kim D，Dionysiou D D，et al. Sources and remediation for mercury contamination in aquatic systems-a literature review.［J］. Environmental Pollution，2004，131（2）：323–336.

［24］ 徐明岗. 施肥与土壤重金属污染修复——当代土壤与环境科学专著［M］. 北京：科学出版社，2014.

［25］ Mcbride M B. Reactions Controlling Heavy Metal Solubility in Soils［M］. Berlin：Springer Berlin Heidelberg，1989.

［26］ 李庆逵. 中国水稻土［M］. 北京：科学出版社，1992.

［27］ 陈怀满. 土壤—植物系统中的重金属污染［M］. 北京：科学出版社，1996.

［28］ 咸翼松. 施用泥炭对土壤镉形态及其植物有效性的影响［D］. 杭州：浙江大学，2008.

［29］ Gadd G M. Metals，minerals and microbes：geomicrobiology and bioremediation.［J］. Microbiology，2010，156（3）：609–643.

［30］ 贺纪正，陆雅海，傅伯杰. 土壤生物学前沿［M］. 北京：科学出版社，2015.

［31］ 熊礼明. 施肥与植物的重金属吸收［J］. 农业环境科学学报，1993

(5)：217－222.

[32] Basta N T, Mcgowen S L. Evaluation of chemical immobilization treatments for reducing heavy metal transport in a smelter-contaminated soil [J]. Environmental Pollution, 2004, 127 (1)：73－82.

[33] Mcgowen S L, Basta N T, Brown G O. Use of diammonium phosphate to reduce heavy metal solubility and transport in smelter-contaminated soil [J]. 2001, 30 (2)：493－500.

[34] Ma Y B, Uren N C. The effects of temperature, time and cycles of drying and rewetting on the extractability of zinc added to a calcareous soil [J]. Geoderma, 1997, 75 (1－2)：89－97.

[35] Xinde Cao, Lena Q M, Chen M, et al. Impacts of Phosphate Amendments on Lead Biogeochemistry at a Contaminated Site [J]. Environmental Science & Technology, 2002, 36 (24)：5296.

[36] Bingham F T, Sposito G, Strong J E. The Effect of Chloride on the Availability of Cadmium [J]. Journal of Environmental Quality, 1984, 13 (1)：71－74.

[37] Bingham, F. T, Sposito, et al. the effect of Sulfaten the Availability of Cadmium1 [J]. Soil Science, 1986, 141 (2)：172－177.

[38] Sparrow L A, Salardini A A, Johnstone J, et al. Field studies of cadmium in potatoes (Solanum tuberosum L.). Ⅲ. Response of cv. Russet Burbank to sources of banded potassium [J]. Australian Journal of Agricultural Research, 1994, 45 (1)：243－249.

[39] 衣纯真，傅桂平，张福锁. 不同钾肥对水稻镉吸收和运移的影响 [J]. 中国农业大学学报, 1996 (3)：65－70.

[40] Zhao Z Q, Zhu Y G, Li H Y, et al. Effects of forms and rates of potassium fertilizers on cadmium uptake by two cultivars of spring wheat (Triticum aestivum, L.) [J]. Environment International, 2004, 29

(7)：973 - 978.

[41] 崔爽. 铅超积累花卉的筛选与螯合强化及其应用 [D]. 沈阳：中国科学院研究生院（沈阳应用生态研究所），2007.

[42] 李剑睿. 农艺措施联合钝化技术对水稻土镉污染修复效应研究 [D]. 北京：中国农业科学院，2015.

[43] 缪德仁. 重金属复合污染土壤原位化学稳定化试验研究 [D]. 北京：中国地质大学，2010.

[44] 廖敏，黄昌勇，谢正苗. 施加石灰降低不同母质土壤中镉毒性机理研究 [J]. 农业环境科学学报，1998（3）：101 - 103.

[45] T N, Tabatabai, A M. Effect of Cropping Systems on Adsorption of Metals by Soils：II. Effect of pH. [J]. Soil Science, 1992, 153 (3) .

[46] Geebelen W, Adriano D C, Lelie D V D, et al. Selected bioavailability assays to test the efficacy of amendment-induced immobilization of lead in soils [J]. Plant and Soil, 2003, 249 (1)：217 - 228.

[47] Melamed R, Cao X, Chen M, et al. Field assessment of lead immobilization in a contaminated soil after phosphate application [J]. Science of the Total Environment, 2003, 305 (1 - 3)：117.

[48] Chen M, Ma L Q, Singh S P, et al. Field demonstration of in situ immobilization of soil Pb using Pamendments [J]. Advances in Environmental Research, 2003, 8 (1)：93 - 102.

[49] Brown S, Christensen B, Lombi E, et al. An inter-laboratory study to test the ability of amendments to reduce the availability of Cd, Pb, and Zn in situ [J]. Environmental pollution (Barking, Essex：1987), 2005, 138 (1)：34 - 45.

[50] Impellitteri C A. Effects of pH and phosphate on metal distribution with emphasis on As speciation and mobilization in soils from a lead smelting site [J]. Science of the Total Environment, 2005, 345 (1 -

3)：175.

[51] Scheckel K G, Ryan J A, Allen D, et al. Determining speciation of Pb in phosphate-amended soils: Method limitations [J]. Science of the Total Environment, 2005, 350 (1 - 3): 261 - 272.

[52] Mcgowen S L, Basta N T, Brown G O. Use of diammonium phosphate to reduce heavy metal solubility and transport in smelter-contaminated soil [J]. Journal of Environmental Quality, 2001, 30 (2): 493.

[53] Cao R X, Ma L Q, Chen M, et al. Phosphate-induced metal immobilization in a contaminated site [J]. Environmental Pollution, 2003, 122 (1): 19 -28.

[54] Ownby D R, Galvan K A, Lydy M J. Lead and zinc bioavailability to Eisenia fetida after phosphorus amendment to repository soils. [J]. Environmental Pollution, 2005, 136 (2): 315 - 321.

[55] Z S, LE E. Mathematical model development and simulation of in situ stabilization in lead-contaminated soils [J]. Journal of Hazardous Materials, 2001, 87 (1): 99 - 116.

[56] Raicevic S, Kaludjerovicradoicic T, Zouboulis A I. In situ stabilization of toxic metals in polluted soils using phosphates: theoretical prediction and experimental verification. [J]. Journal of Hazardous Materials, 2005, 117 (1): 41 - 53.

[57] Geebelen W, Adriano D C, Lelie D V D, et al. Selected bioavailability assays to test the efficacy of amendment-induced immobilization of lead in soils [J]. Plant and Soil, 2003, 249 (1): 217 - 228.

[58] Cao X, Ma L Q. Effects of compost and phosphate on plant arsenic accumulation from soils near pressure-treated wood [J]. Environmental Pollution, 2004, 132 (3): 435 - 442.

[59] Chrysochoou M, Dermatas D, Grubb D G. Phosphate application to firing range soils for Pb immobilization: The unclear role of phosphate [J]. Journal of Hazardous Materials, 2007, 144 (1-2): 1.

[60] Hettiarachchi G M, Pierzynski G M, Ransom M D. In situ stabilization of soil lead using phosphorus and manganese oxide. [J]. Journal of Environmental Quality, 2001, 30 (4): 1214-1221.

[61] Scheckel K G, Ryan J A. Spectroscopic speciation and quantification of lead in phosphate-amended soils [J]. Journal of Environmental Quality, 2004, 33 (4): 1288.

[62] Melamed R, Cao X, Chen M, et al. Field assessment of lead immobilization in a contaminated soil after phosphate application [J]. Science of the Total Environment, 2003, 305 (1-3): 117.

[63] Seaman J C, Arey J S, Bertsch P M. Immobilization of nickel and other metals in contaminated sediments by hydroxyapatite addition. [J]. Journal of Environmental Quality, 2001, 30 (2): 460-469.

[64] Bolan N S, Naidu R, Syers J K, et al. Surface charge and solute interactions in soils. [J]. Advances in Agronomy, 1999, 67 (8): 87-140.

[65] Mcgowen S L, Basta N T, Brown G O. Use of diammonium phosphate to reduce heavy metal solubility and transport in smelter-contaminated soil [J]. Journal of Environmental Quality, 2001, 30 (2): 493.

[66] And R G F, Sparks D L. The Nature of Zn Precipitates Formed in the Presence of Pyrophyllite [J]. Environmental Science & Technology, 2000, 34 (12): 2479-2483.

[67] Boisson J, Ruttens A, Mench M, et al. Evaluation of hydroxyapatite as a metal immobilizing soil additive for the remediation of polluted

soils. Part 1. Influence of hydroxyapatite on metal exchangeability in soil, plant growth and plant metal accumulation [J]. Environmental Pollution, 1999, 104 (2): 225 - 233.

[68] Peryea F J. Phosphate-Induced Release of Arsenic from Soils Contaminated with Lead Arsenate [J]. Soil Science Society of America Journal, 1991, 55 (5): 1301 - 1306.

[69] Seaman J C, Arey J S, Bertsch P M. Immobilization of nickel and other metals in contaminated sediments by hydroxyapatite addition. [J]. Journal of Environmental Quality, 2001, 30 (2): 460 - 469.

[70] Covelo E F, Vega F A, Andrade M L. Simultaneous sorption and desorption of Cd, Cr, Cu, Ni, Pb, and Zn in acid soils I. Selectivity sequences [J]. Journal of Hazardous Materials, 2007, 147 (3): 862 - 870.

[71] 吴伟祥. 生物质炭土壤环境效应 [M]. 北京: 科学出版社, 2015.

[72] Jiang J, Xu R K, Jiang T Y, et al. Immobilization of Cu (Ⅱ), Pb (Ⅱ) and Cd (Ⅱ) by the addition of rice straw derived biochar to a simulated polluted Ultisol. [J]. Journal of Hazardous Materials, 2012, s 229 - 230 (5): 145 - 150.

[73] Han G M, Meng J, Zhang W M, et al. Effect of Biochar on Microorganisms Quantity and Soil Physicochemical Property in Rhizosphere of Spinach (Spinacia oleracea L. ) [J]. Applied Mechanics & Materials, 2013, 298 (6): 210 - 219.

[74] Abdelhafez A A, Li J, Abbas M H. Feasibility of biochar manufactured from organic wastes on the stabilization of heavy metals in a metal smelter contaminated soil. [J]. Chemosphere, 2014, 117: 66 - 71.

[75] Jin H P, Choppala G K, Bolan N S, et al. Biochar reduces the bioavailability and phytotoxicity of heavy metals [J]. Plant and Soil,

2011，348（1）：439 -451.

[76] 孔志明. 环境毒理学 [M]. 北京：化学工业出版社，2008.

[77] Moore T J，Rightmire C M，Vempati R K. Ferrous iron treatment of soils contaminated with arsenic-containing wood-preserving solution. [J]. Journal of Soil Contamination，2000，9（4）：375 - 405.

[78] And J Y K，Davis A P，Kim K W. Stabilization of Available Arsenic in Highly Contaminated Mine Tailings Using Iron [J]. Environmental Science & Technology，2003，37（1）：189 - 195.

[79] Hartley W，Edwards R，Lepp N W. Arsenic and heavy metal mobility in iron oxide-amended contaminated soils as evaluated by short-and long-term leaching tests [J]. Environmental Pollution，2004，131（3）：495 - 504.

[80] Warren G P，Alloway B J. Reduction of arsenic uptake by lettuce with ferrous sulfate applied to contaminated soil. [J]. Journal of Environmental Quality，2003，32（3）：767 - 772.

[81] Warren G P，Alloway B J，Lepp N W，et al. Field trials to assess the uptake of arsenic by vegetables from contaminated soils and soil remediation with iron oxides [J]. Science of the Total Environment，2003，311（1 - 3）：19.

[82] 陈玉成. 表面活性剂对植物吸收土壤重金属的影响 [D]. 武汉：武汉大学，2005.

[83] Nivas B T，Sabatini D A，Shiau B J，et al. Surfactant enhanced remediation of subsurface chromium contamination [J]. Water Research，1996，30（3）：511 - 520.

[84] 韦朝阳，陈同斌. 重金属超富集植物及植物修复技术研究进展 [J]. 生态学报，2001，21（7）：1196 - 1203.

[85] 蔡保松. 蜈蚣草富集砷能力的基因型差异及其对环境因子的反应

[D]. 杭州：浙江大学，2004.

[86] 梁俊. 东南景天镉解毒相关代谢过程及关键基因克隆 [D]. 杭州：浙江大学，2017.

[87] 曹红艳. 植物治土提速在即 [N]. 经济日报. 2013.

[88] 陈同斌，韦朝阳，黄泽春，等. 砷超富集植物蜈蚣草及其对砷的富集特征 [J]. 科学通报，2002，47（3）：207-210.

[89] 廖晓勇，陈同斌，谢华，等. 磷肥对砷污染土壤的植物修复效率的影响：田间实例研究 [J]. 环境科学学报，2004，24（3）：455-462.

[90] 蔡保松. 蜈蚣草富集砷能力的基因型差异及其对环境因子的反应 [D]. 杭州：浙江大学，2004.

[91] 杨肖娥，龙新宪，倪吾钟，等. 古老铅锌矿山生态型东南景天对锌耐性及超积累特性的研究 [J]. 植物生态学报，2001，25（6）：665-672.

[92] 孙涛，张玉秀，柴团耀. 印度芥菜（Brassica juncea L.）重金属耐性机理研究进展 [J]. 中国生态农业学报，2011，19（1）：226-234.

[93] Salt D E, Prince R C, Pickering I J, et al. Mechanisms of cadmium mobility and accumulation in Indian mustard [J]. Plant Physiology, 1995, 4 (109)：1427-1433.

[94] 苏德纯，黄焕忠，张福锁. 印度芥菜对土壤中难溶态 Cd 的吸收及活化 [J]. 中国环境科学，2002，22（4）：342-345.

[95] 林匡飞，张大明，李秋洪，等. 苎麻吸镉特性及镉土的改良试验 [J]. 农业环境科学学报，1996（1）：1-4.

[96] 龙育堂，刘世凡，熊建平，等. 苎麻对稻田土壤汞净化效果研究 [J]. 农业环境科学学报，1994（1）：30-33.

[97] 韦朝阳，陈同斌. 高砷区植物的生态与化学特征 [J]. 植物生态学报，2002，26（6）：695-700.

[98] 佘玮，揭雨成，邢虎成，等. 湖南冷水江锑矿区苎麻对重金属的吸收和富集特性 [J]. 农业环境科学学报，2010，29（1）：91-96.

[99] 雷梅，岳庆玲，陈同斌，等. 湖南柿竹园矿区土壤重金属含量及植物吸收特征 [J]. 生态学报，2005，25（5）：1146-1151.

[100] 汤叶涛，仇荣亮，曾晓雯，等. 一种新的多金属超富集植物——圆锥南芥（*Arabis paniculata* L.）[J]. 中山大学学报：自然科学版，2005，44（4）：135-136.

[101] 韦朝阳，陈同斌，黄泽春，等. 大叶井口边草——一种新发现的富集砷的植物 [J]. 生态学报，2002，22（5）：777-778.

[102] 骆永明. 金属污染土壤的植物修复 [J]. 土壤，1999，31（5）：261-265.

[103] Dushenkov V，Kumar P B A N，Motto H，et al. Rhizofiltration：The Use of Plants to Remove Heavy Metals from Aqueous Streams [J]. Environmental Science & Technology，1995，29（5）：1239-1245.

[104] Salt D E，Blaylock M，Kumar N P，et al. Phytoremediation：A Novel Strategy for the Removal of Toxic Metals from the Environment Using Plants [J]. Bio/technolgy，1995，13（5）：468-474.

[105] Bañuelos G S，Shannon M C，Ajwa H，et al. Phytoextraction and Accumulation of Boron and Selenium by Poplar（Populus）Hybrid Clones [J]. International Journal of Phytoremediation，1999，1（1）：81-96.

[106] Bhattacharjee H，Rosen B P. Arsenic Metabolism in Prokaryotic and Eukaryotic Microbes [M]. Springer Berlin Heidelberg，2007.

[107] White C，Sharman A K，Gadd G M. An integrated microbial process for the bioremediation of soil contaminated with toxic metals [J]. Nature biotechnology，1998，16（6）.

[108] Chen B, Xiao X, Zhu Y G, et al. The arbuscular mycorrhizal fungus Glomus mosseae gives contradictory effects on phosphorus and arsenic acquisition by Medicago sativa Linn. [J]. Science of the Total Environment, 2007, 379 (2-3): 226-234.

[109] Gonzalezchavez C, Harris P J, Dodd J, et al. Arbuscular mycorrhizal fungi confer enhanced arsenate resistance on Holcus lanatus. [J]. New Phytologist, 2002, 155 (1): 163-171.

[110] 张丽娜, 宗良纲, 付世景, 等. 水分管理方式对水稻在 Cd 污染土壤上生长及其吸收 Cd 的影响 [J]. 安全与环境学报, 2006, 6 (5): 49-52.

[111] 胡坤, 喻华, 冯文强, 等. 不同水分管理方式下 3 种中微量元素肥料对水稻生长和吸收镉的影响 [J]. 西南农业学报, 2010, 23 (3): 772-776.

[112] Gambrell R P, Jr W H P. Cu, Zn, and Cd Availability in a Sludge-Amended Soil Under Controlled pH and Redox Potential Conditions [M]. Berlin: Springer Berlin Heidelberg, 1989.

[113] Willett I R, Cunningham R B. Influence of sorbed phosphate on the stability of ferric hydrous oxide under controlled pH and Eh conditions. [J]. Soil Research, 1983, 21 (3): 301-308.

[114] Bolan N S, Khan M A R, Tillman R W, et al. The effects of anion sorption on sorption and leaching of cadmium [J]. Soil Research, 1999, 37 (3): 445-460.

[115] 曾清如, 周细红. 不同氮肥对铅锌矿尾矿污染土壤中重金属的溶出及水稻苗吸收的影响 [J]. 中国土壤与肥料, 1997 (3): 7-11.

[116] Eriksson J E. Effects of nitrogen-containing fertilizers on solubility and plant uptake of cadmium [J]. Water Air & Soil Pollution, 1990, 49 (3-4): 355-368.

[117] Willaert G，Verloo M. Effects of various nitrogen fertilizers on the chemical and biological activity of major and trace elements in a cadmium contaminated soil [J]. Pedologie，1992，42（1）：83 - 91.

[118] 曾清如，周细红. 不同氮肥对铅锌矿尾矿污染土壤中重金属的溶出及水稻苗吸收的影响 [J]. 中国土壤与肥料，1997（3）：7 - 11.

[119] 邹春琴，杨志福. 氮素形态对春小麦根际 pH 与磷素营养状况的影响 [J]. 土壤通报，1994（4）：175 - 177.

[120] 周世伟，徐明岗. 磷酸盐修复重金属污染土壤的研究进展 [J]. 生态学报，2007，27（7）：3043 - 3050.

[121] 陈世宝，李娜，王萌，等. 利用磷进行铅污染土壤原位修复中需考虑的几个问题 [J]. 中国生态农业学报，2010，18（1）：203 - 209.

[122] Chen S，Xu M，Ma Y，et al. Evaluation of different phosphate amendments on availability of metals in contaminated soil. [J]. Ecotoxicology & Environmental Safety，2007，67（2）：278 - 285.

[123] 陈世宝，朱永官. 不同含磷化合物对中国芥菜（Brassica Oleracea）铅吸收特性的影响 [J]. 环境科学学报，2004，24（4）：707 - 712.

[124] Appel C，Ma L. Concentration，pH and surface charge effects on cadmium and lead sorption in three tropical soils. [J]. Journal of Environmental Quality，2002，31（2）：581 - 589.

[125] Naidu R，Bolan N S，Kookana R S，et al. Ionic-strength and pH effects on the sorption of cadmium and the surface charge of soils [J]. European Journal of Soil Science，1994，45（4）：419 - 429.

[126] Naidu R，Kookana R S，Sumner M E，et al. Cadmium Sorption and Transport in Variable Charge Soils：A Review [J]. Journal of Environmental Quality，1997，26（3）：602 - 617.

[127] Boekhold A E，Temminghoff E J M，Van der ZEE SEAT. Influence of electrolyte composition and pH on cadmium sorption by an acid

sandy soil [J]. European Journal of Soil Science，2010，44（1）：85-96.

[128] Grant C A，Bailey L D，Mclaughlin M J，et al. Management Factors which Influence Cadmium Concentrations in Crops [M]. Berlin，Springer Netherlands，1999.

[129] 熊礼明. 土壤溶液中镉的化学形态及化学平衡研究 [J]. 环境科学学报，1993，13（2）：150-156.

[130] Chien S H，Carmona G，Prochnow L I，et al. Cadmium availability from granulated and bulk-blended phosphate-potassium fertilizers [J]. Journal of Environmental Quality，2003，32（5）：1911.

[131] 刘平. 钾肥伴随阴离子对土壤铅和镉有效性的影响及其机制 [D]. 北京：中国农业科学院，2006.

[132] 刘平，徐明岗，宋正国. 伴随阴离子对土壤中铅和镉吸附—解吸的影响 [J]. 农业环境科学学报，2007，26（1）：252-256.

[133] Cabrera D，Young S D，Rowell D L. The toxicity of cadmium to barley plants as affected by complex formation with humic acid [J]. Plant & Soil，1988，105（2）：195-204.

[134] 秦淑琴，黄庆辉. 硅对水稻吸收镉的影响 [J]. 塔里木大学学报，1996（2）：51-52.

[135] 蔡德龙，陈常友，小林均. 硅肥对水稻镉吸收影响初探 [J]. 地域研究与开发，2000，19（4）：69-71.

[136] Neumann D，Zurnieden U W，Lichtenberger O. Heavy Metal Tolerance of Minuartia Verna [J]. Journal of Plant Physiology，1997，151（1）：101-108.

[137] Imtiaz M，Rizwan M S，Mushtaq M A，et al. Silicon occurrence，uptake，transport and mechanisms of heavy metals，minerals and salinity enhanced tolerance in plants with future prospects：A review

[J]. Journal of Environmental Management，2016，183：521-529.

[138] 王祖光，崔丽巍，赵甲亭，等. 硒对汞毒性的拮抗作用及机理 [J]. 中国科学：化学，2016，46（7）：677.

[139] 贾玮，吴隽，屈婵娟，等. 硒增强植物抗逆能力及其机理研究进展 [J]. 中国农学通报，2015，31（14）：171-176.

[140] Jiang G B，Shi J B，Feng X B. Mercury pollution in China. An overview of the past and current sources of the toxic metal. [J]. Environmental Science & Technology，2006，40（12）：3673-3678.

[141] Zhao J，Gao Y，Li Y F，et al. Selenium inhibits the phytotoxicity of mercury in garlic（Allium sativum）[J]. Environmental Research，2013，125（7）：75-81.

[142] 吴之琳，童心昭，尹雪斌，等. 硒提高植物拮抗重金属毒性的研究进展 [J]. 粮食科技与经济，2014，39（2）：22-27.

[143] Malik J A，Goel S，Kaur N，et al. Selenium antagonises the toxic effects of arsenic on mungbean（Phaseolus aureus Roxb.）plants by restricting its uptake and enhancing the antioxidative and detoxification mechanisms [J]. Environmental & Experimental Botany，2012，77（2）：242-248.

[144] Zhao J，Hu Y，Gao Y，et al. Mercury modulates selenium activity via altering its accumulation and speciation in garlic（Allium sativum）[J]. Metallomics，2013，5（7）：896.

[145] Hu Y，Duan G L，Huang Y Z，et al. Interactive effects of different inorganic As and Se species on their uptake and translocation by rice（Oryza sativa L.）seedlings [J]. Environmental Science & Pollution Research，2014，21（5）：3955-3962.

**图书在版编目（CIP）数据**

农田重金属污染危害与修复技术 / 安志装等主编.
—北京：中国农业出版社，2018.1
（听专家田间讲课）
ISBN 978-7-109-23572-4

Ⅰ.①农… Ⅱ.①安… Ⅲ.①农田污染－重金属污染
－污染防治 Ⅳ.①X535

中国版本图书馆 CIP 数据核字(2017)第 285271 号

中国农业出版社出版
（北京市朝阳区麦子店街 18 号楼）
（邮政编码 100125）
责任编辑 郭晨茜

三河市君旺印务有限公司印刷 新华书店北京发行所发行
2018 年 1 月第 1 版 2018 年 1 月河北第 1 次印刷

开本：880mm×1230mm 1/32 印张：3.875
字数：106 千字
定价：15.00 元
（凡本版图书出现印刷、装订错误，请向出版社发行部调换）